U0232804

中国科普大奖图书典藏书系

力学诗趣

王振东　武际可◎著

长江出版传媒｜湖北科学技术出版社

图书在版编目(CIP)数据

力学诗趣 / 王振东,武际可著. —武汉:
湖北科学技术出版社,2013.4(2018.6重印)
　(中国科普大奖图书典藏书系/叶永烈　刘嘉麒主编)
　ISBN 978-7-5352-5616-4

　Ⅰ.①力…　Ⅱ.①王…　②武…　Ⅲ.①力学—普及读物
Ⅳ.①03-49

　中国版本图书馆 CIP 数据核字(2013)第 055096 号

力学诗趣
LIXUE SHIQU

责任编辑:胡　静　彭永东	封面设计:戴　旻

出版发行:湖北科学技术出版社　　　　　　　电话:027-87679468
地　　　址:武汉市雄楚大街 268 号　　　　　　邮编:430070
　　　　　　(湖北出版文化城 B 座 13-14 层)
网　　　址:http://www.hbstp.com.cn

印　　　刷:武汉中科兴业印务有限公司　　　　邮编:430071

700×1000　　1/16　　　　　9.75 印张　　2 插页　　　　120 千字
2013 年 4 月第 1 版　　　　　　　　　　　2018 年 6 月第 3 次印刷
　　　　　　　　　　　　　　　　　　　　　　定价:18.00 元

本书如有印装质量问题　　可找本社市场部更换

总　序
ZONGXU

　　我热烈祝贺"中国科普大奖图书典藏书系"的出版！"空谈误国，实干兴邦。"习近平同志在参观《复兴之路》展览时讲得多么深刻！本书系的出版，正是科普工作实干的具体体现。

　　科普工作是一项功在当代、利在千秋的重要事业。1953年，毛泽东同志视察中国科学院紫金山天文台时说："我们要多向群众介绍科学知识。"1988年，邓小平同志提出"科学技术是第一生产力"，而科学技术研究和科学技术普及是科学技术发展的双翼。1995年，江泽民同志提出在全国实施科教兴国的战略，而科普工作是科教兴国战略的一个重要组成部分。2003年，胡锦涛同志提出的科学发展观则既是科普工作的指导方针，又是科普工作的重要宣传内容；不是科学的发展，实质上就谈不上真正的可持续发展。

　　科普创作肩负着传播知识、激发兴趣、启迪智慧的重要责任。"科学求真，人文求善"，同时求美，优秀的科普作品不仅能带给人们真、善、美的阅读体验，还能引人深思，激发人们的求知欲、好奇心与创造力，从而提高个人乃至全民的科学文化素质。国民素质是第一国力。教育的宗旨，科普的目的，就是为了提高国民素质。只有全民的综合素质提高了，中国才有可能屹立于世界民族之林，才有可能实现习近平同志最近提出的中华民族的伟大复兴这个中国梦！

　　新中国成立以来，我国的科普事业经历了1949—1965年的创立与发展阶段；1966—1976年的中断与恢复阶段；1977—

1990 年的恢复与发展阶段；1990—1999 年的繁荣与进步阶段；2000 年至今的创新发展阶段。60 多年过去了，我国的科技水平已达到"可上九天揽月，可下五洋捉鳖"的地步，而伴随着我国社会主义事业日新月异的发展，我国的科普工作也早已是一派蒸蒸日上、欣欣向荣的景象，结出了累累硕果。同时，展望明天，科普工作如同科技工作，任务更加伟大、艰巨，前景更加辉煌、喜人。

"中国科普大奖图书典藏书系"正是在这 60 多年间，我国高水平原创科普作品的一次集中展示，书系中一部部不同时期、不同作者、不同题材、不同风格的优秀科普作品生动地反映出新中国成立以来中国科普创作走过的光辉历程。为了保证书系的高品位和高质量，编委会制定了严格的选编标准和原则：一、获得图书大奖的科普作品、科学文艺作品（包括科幻小说、科学小品、科学童话、科学诗歌、科学传记等）；二、曾经产生很大影响、入选中小学教材的科普作家的作品；三、弘扬科学精神、普及科学知识、传播科学方法，时代精神与人文精神俱佳的优秀科普作品；四、每个作家只选编一部代表作。

在长长的书名和作者名单中，我看到了许多耳熟能详的名字，备感亲切。作者中有许多我国科技界、文化界、教育界的老前辈，其中有些已经过世；也有许多一直为科普事业辛勤耕耘的我的同事或同行；更有许多近年来在科普作品创作中取得突出成绩的后起之秀。在此，向他们致以崇高的敬意！

科普事业需要传承，需要发展，更需要开拓、创新！当今世界的科学技术在飞速发展、日新月异，人们的生活习惯和工作节奏也随着科学技术的进步在迅速变化。新的形势要求科普创作跟上时代的脚步，不断更新、创新。这就需要有更多的有志之士加入到科普创作的队伍中来，只有新的科普创作者不断涌现，新的优秀科普作品层出不穷，我国的科普事业才能继往开来，不断焕发出新的生命力，不断为推动科技发展、为提高国民素质做出更好、更多、更新的贡献。

"中国科普大奖图书典藏书系"承载着新中国成立 60 多年来科普创作的历史——历史是辉煌的，今天是美好的！未来是更加辉煌、更加美好的。我深信，我国社会各界有志之士一定会共同努力，把我国的科普事业推向新的高度，为全面建成小康社会和实现中华民族的伟大复兴做出我们应有的贡献！"会当凌绝顶，一览众山小"！

中国科学院院士
华中科技大学教授　　杨叔子　二0一二
九·廿八

再版前言

　　《力学诗趣》在 1998 年 10 月由南开大学出版社出版,是中国力学学会与中国科学院力学研究所联合主办的《力学与实践》杂志"身边力学趣话"栏目,在 20 世纪 90 年代最早刊登的 20 篇文章,2001 年 5 月获中国科学技术协会、新闻出版总署、国家自然科学基金委员会、中国作家协会联合颁发的"第四届全国优秀科普作品奖"的二等奖。

　　现应邀参与湖北科学技术出版社与中国科普作家协会为迎接共和国成立 65 周年,编辑出版的"中国科普大奖图书典藏书系",予以再版。

　　新版《力学诗趣》仍保持"力学诗话"和"力学趣谈"各 10 篇文章,只作了少量的修订,对书中的"旋涡"一词按《力学名词》改为"涡旋",还删去了"野渡无人舟自横"一文中原有数学推导的附录。

　　希望这本《力学诗趣》能使读者体验力学趣味、感受力学魅力,以诗情画意之美,增益力学之美,以力学之美,体验诗情画意之美。

王振东

2013 年 1 月于天津大学新园村

第一版序

　　1991年7月,在北京召开的中国力学学会《力学与实践》杂志第四届编委会第一次会议上,武际可教授提议就"身边的力学"为话题,深入浅出地写一些可读性强的文章,以改变刊物的文风。后来就笔者在1979年写就,但尚未发表的"野渡无人舟自横"一文,作了适当修改,刊登在1992年第4期《力学与实践》上,从而开辟了"身边力学的趣话"的栏目。为此,《力学与实践》当时的主编、北京大学朱照宣教授还写了一段编者按:"本期开辟的这一'趣话'小栏目,讲的是我们身边的力学。文体不拘,或庄或谐,可长可短。内容则摆事实,讲力学。要求文质并重,盖'质胜文则野,文胜质则史'也"。之后,为使这个栏目不断档,武际可教授与笔者就一篇接一篇地写了下来。现应南开大学出版社之邀,将我们二人在"身边力学的趣话"中发表的这些文章作了一些修改补充,并适当加上一些插图,结集为《力学诗趣》出版。所收入的20篇文章中,1~9篇和19~20篇为笔者所撰,10~18篇为武际可撰写。其中部分文章曾为俄罗斯科学院出版的《力学文摘》(РЕФ
ЕРАТИВНЫЙ ЖУРНАЛ——МЕХАНИКА)所摘录。武际可"捞面条的学问"一文,1996年曾获中国科普作家协会、广播电视部、中国科学技术协会、新闻出版总署联合颁发的奖励。

　　中国是一个诗词的国度。唐宋诗词是我国文学史上光辉灿烂的明珠,千百年来,它一直为人们传诵不衰。过去人们总是从老子、庄子、墨子等一些思想家的著述中,去寻找古代的力学思想,但却忘了唐宋诗词中也有一些佳句,是古人对力学现象的精湛描述。本书上篇的 10 篇文章,就是从唐宋诗词中对力学现象观察和描述的佳句入手,将诗情画意与近代力学的发展交融在一起阐述,所以篇名起为"力学诗话"。

力学广泛地存在于生活和生产的各个领域,如何利用力学原理去分析和解释日常生活中所遇到的一些力学现象,不仅对进一步理解这些现象有好处,而且对掌握和运用力学规律去处理有关问题,也是有好处的。下篇的 10 篇文章,多是从生活中一些常见的事情谈起,风趣地揭示出深刻的力学原理,篇名起为"力学趣谈"。

科学和艺术,是社会物质和精神财富这枚"金币"的两个侧面。她们相互依托,又相互关联,其共同基础都是人类的创造力。从历史上看,曾经有过科学和艺术相互融汇的辉煌时代。后来由于社会分工越来越细,两者才逐渐分开。文理本来是相通的,也只是由于人为的原因,才在学校的教学中被分割开来。我们在学理的时候,也都爱好文。中国的传统文化既能陶冶情操,又能启迪学理的灵感。

21 世纪文理交叉融合将是发展的必然趋势。本书反映了我们俩在大学任教 40 年,对力学教学和研究的一些体会,希望能对读者(特别是大学生)交融文理、开阔思路,提高分析问题和解决问题的能力,以更好地激发创造力有所裨益。

谨以这本《力学诗趣》,庆祝《力学与实践》创刊 20 周年!并祝贺我们的母校——北京大学百年华诞!

王振东

1998 年 2 月于天津大学北五村

兵无常势，水无常形
——漫谈流体与流动性

　　"夫兵形象水，水之形避高而趋下，兵之形避实而击虚。水因
地而制流，兵因敌而制胜。故兵无常势，水无常形。能因敌变化
而取胜谓之神。故五行无常胜，四时无常位；日有短长，月有死生。"

　　这是《孙子兵法·虚实篇》[1]最后一段。《孙子兵法》系孙武(约前500
—前440)所著，此书总结了春秋(前770—前476)末期及以前的作战经验，
揭示了战争的一些重要规律，奠定了古代中国军事科学的基础。《孙子兵
法》传到国外，已有许多种语言的译本[2]，被国际上推崇为最早的军事理论
著作。

　　"兵无常势，水无常形"这段话的意思是：用兵作战如同水的流动。水
流动的规律是避开高处而流向低处；用兵取胜要避开敌人坚实之处，而攻
击其虚弱的地方。水因地势的高低而不断改变流向，用兵作战要根据敌情
变化而决定其取胜的方针。水没有固定不变的形态，所以用兵也没有固定
不变的原则。能够根据敌情的变化而取得胜利的，才可以称得上用兵如
神。用兵作战的原则，如同自然现象一样，五行(古人认为：金、木、水、火、
土是五种物质)相生相克；四季(春、夏、秋、冬)依次交替，不可能哪一个季
节在一年中常在；白天有短有长，月亮有明暗圆缺，永远处于变化之中。这

段话以流体的流动等自然现象的变化,生动地比喻并阐述了兵家之法。这是对流体属性认识和应用得很早的科学论述。

在常温常压下,物质可分为固体、液体和气体三种状态(在特殊情况下,还有等离子态和超固态)。近代物理学研究表明,任何物质都是由大量分子构成的,这些分子处于永不停息的随机热运动和相互碰撞之中,同时各分子之间还有一种相互作用力。对于固体,分子间相互作用力较强,无规则运动较弱,不易变形;对于气体,分子间作用力较弱,无规则运动剧烈,易于变形和压缩;对于液体,其特征介于固体和气体之间,易变形,不易压缩。气体和液体又合称为流体。从力学分析的角度,通常认为,流体与固体的主要差别在于它们对于外力的抵抗能力是不同的。固体有能力抵抗一定大小的拉力、压力和剪切力。当外力作用在固体上时,固体将产生一定程度的相应变形。只要作用外力保持不变,固体的变形也就不会变化。因此,当固体静止时,既有法应力,也有切应力。而流体在静止时,不能承受切向应力,任何微小的剪切力的作用,都会使流体产生连续不断的变形。只有当外力停止作用时,流体的变形才会停止。流体这种在外力作用下连续不断变形的宏观特性,通常称为流动性(或易流性)。

唐宋诗词的一些名家颇善于用流体的流动性来表达各种情感,写出了一些脍炙人口的精美绝句:

李白(701—762)《金陵酒肆留别》诗[3]

　　请君试问东流水,别意与之谁短长。

《将进酒》诗[4]

　　君不见黄河之水天上来,奔流到海不复回。
　　君不见高堂明镜悲白发,朝如青丝暮成雪。

李煜(937—978)《虞美人》词[5]

问君能有几多愁？恰似一江春水向东流。

王安石(1021—1086)《桂枝香·金陵怀古》词[6]

六朝旧事随流水,但寒烟衰草凝绿。

苏轼(1036—1101)《念奴娇·赤壁怀古》词[7]

大江东去,浪淘尽,千古风流人物。

辛弃疾(1140—1207)《南乡子·登京口北固亭有怀》词[8]

千古兴亡多少事？悠悠。不尽长江滚滚流！

在诗句中用流体的流动抒发情感的手法,可以追溯到我国最早的诗歌总集——《诗经》。它是自西周初年到春秋中期(前1100—前600)这500年间的抒情诗集,共有305首,在公元前600年左右编集成册。现在我们来看其中用流体的流动性抒发情感的两首[9](左为原诗,右为白话译文):

《邶风·柏舟》

泛彼柏舟,	泛荡着的柏木舟,
亦泛其流。	随着河水在漂流。
耿耿不寐,	焦虑不安难成眠,
如有隐忧。	痛苦忧伤涌心头。
微我无酒,	不是我家无美酒,
以敖以游。	遨游也不能消愁。

诗中以随河水漂流的柏舟,写出了主人公沉郁的心情。即使是美酒、遨游也不能排除自己的痛苦忧伤。邶(bèi)是周代诸侯国名,在今河南省汤阴县东南。

《邶风·泉水》

毖彼泉水，	清清泉水泛绿波，
亦流于淇。	涓涓流淌入淇河。
有怀于卫，	怀念卫国我故土，
靡日不思。	没有一天不惦记，
娈彼诸姬，	同来姊妹多美好，
聊与之谋。	且和她们共商议。

诗中以泉水始出，涓涓地流淌入淇河，比喻出嫁他国的妇人不能回归卫国，却又没有一天不在思念卫国。无可奈何时，只有与同嫁来的女子谈昔日、念故旧、想亲人、思回归，含情不尽。

在自然科学的发展历史上，有许多将其比拟流体流动进行研究的例子。爱因斯坦（A.Einstein）和英费尔德（L.Infeld）合著的《物理学的进化》[10]一书中，就谈到了一些在物理学上比拟流体流动进行研究的事例。如：

对热学的研究，一开始就是将其与水比较，比拟水从较高的水位流向较低的水位，认为热从较高的温度流向较低的温度。后来虽已将热看成能的形式之一，但这种热流的比拟仍在起作用。

对电学和磁学的研究，早期也都曾比拟为电流体和磁流体来研究电磁现象。后来又比拟流场，来研究电场和磁场。

在光学的研究上，有比拟质点运动的"粒子说"和比拟流体波动的"波动说"，后来"粒子说"演化为"量子说"，但"波动说"仍然存在。

在声学的研究中，声速本身就定义为小扰动传播的速度，所以声学更是以比拟流体波动在研究发展。

在天文学的研究上，有不少概念也是由比拟流体流动得来的，如将夜晚天空中由闪烁的星座组成的一条明亮的光带，比拟成"银河"。又如，将银河系之外一种从正面看形状像涡旋，从侧面看形状像梭的星系，称为"涡旋星系"；将星际空间分布着的许多细小物体与尘粒，叫做"流星体"。

在人文社会科学中,经常可以看到用比拟流体流动所引出的许多概念和术语。如:

将文学上的一种创作方法称为"意识流";

将人们工作单位或地方的改变,称为"人才流动";

将社会成员的社会地位或职业的改变,称为"社会流动";

将某产品的加工过程分成若干不同的工序,按顺序进行,称为"流水作业",这样的生产线亦称为"流水线";

将商品或资金的周转过程,称为"流通过程";

将物资的运输、配送,称为"物流";

将某一件事的历史很悠久,称为"源远流长";

将时间过得非常快,称为"年华似水流"或"似水流年";

将人的心情很平和、安静,称为"心平如水"或"心静如水";

将没有根据的传言,称为"流言蜚语";

将感情不自觉地表现出来,称为感情的"流露";

将某一事物或事件在短时间内集中出现,比喻为"潮水",如"学潮"、"民工潮"、"金融潮"等等。

还有一个很有趣的例子,是莱特希尔(M.J.Lighthill)和惠瑟姆(G.B.Whitham)于1955年成功地将行驶的车流,当做可压缩流体来处理[11]。他们提出了一个流体力学的模型来研究一条很长的单行路上车辆的运动。于是在研究交通管理时,又出现了"交通流动"的概念和术语。

众所周知,现代自然科学正面临着深刻的变化,非线性科学贯穿着数理科学、生命科学、空间科学和地球科学,成为当代科学研究最重要的前沿领域之一。而推动非线性科学发展的一些重要概念恰巧又来源于流体的流动。[12]如:

孤立波,是拉塞尔(J.S.Russell)于1834年在爱丁堡格拉斯哥运河中,观察到的一种他称作大传输波的现象。当时他正骑在马背上,追踪观察一个孤立的水波在浅水窄河道中的持续行进,这个水波长久地保持着自己的形状和波速。这一奇妙现象的发现,就是关于孤立波和现今关于孤立子研究的起始。

混沌的研究尽管在数学上可以追溯到 Poincare 栅栏和 Birkhoff 平面环扭转映射的吸引子,但促使混沌研究热起来的,却正好是流体湍流的研究。洛仑兹(E.N.Lorenz)于 1963 年在研究大气对流(Bènard 对流)现象时,从纳维—斯托克斯方程组出发,经过无量纲化并作傅立叶级数展开,截取头一二项,得到傅立叶系数满足的一组常微分方程,称为洛仑兹方程(Lorenz 方程)。数值计算表明,Lorenz 方程的解在一定的参数范围内,当时间充分大时是一个混沌解(图 1)。自 Lorenz 模型发表之后,对混沌的研究才热了起来。

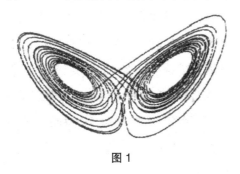

图 1

分形,是曼德布罗特(B.B.Mandelbrot)1967 年在研究湍流时首先提出的,并将其用于海岸线长度的测量,现已应用到自然科学的各个领域,成为推动非线性科学的重要概念之一。图 2 是一个分形的例子,它表示注入水中的油的黏性指进。

图 2

前面谈到流体与固体的主要区别在于会不会流动,而这种区分实际上并不绝对。当放大了时间尺度后,就可以看到固体也会流动[13]。沥青是固体,但容易发现,在马路旁边堆放着的准备修路用的沥青,时间一长就在悄悄地"流动",向四周伸展开去。由于小草生长不快,可以慢慢地将铺设简单又较薄的沥青面推开,在地上露出来(图3)。瑞利(J.W.S.Rayleigh)对玻璃板作过一个实验:取一块长35厘米、宽1.5厘米、厚0.3厘米的玻璃板,在沿长度的两边支起来,板的正中放一6千克重物。从1938年4月6日到1939年12月13日,放置了一年零八个月后,将重物取下,测出玻璃板中部向下"流动"了 6×10^{-4} 毫米。这个实验表明,玻璃在受力相当长的时间后,也具有流体的性质。金属会有蠕变,也是一种流动。当观察地层断面时,我们可以看到岩石有皱纹状的褶曲结构,这是岩石在流动的证据。在几亿年的地质年代里,岩层受着横向的力而流变或褶曲形状。在一些山谷里,冰川慢慢地向下流了几千年,古代冰川流动的痕迹还遗留在岩石的表面上。有人测量计算过冰川的黏滞性,大约是混凝土的100万倍;而混凝土的黏滞性,大约是水的100亿倍。可见无论冰川是多么"黏",多么难于流动,然而经过几千年、几万年,冰川终究还是在慢慢地向下流动。当然还有一个使固体流动的因素是温度。温度升高后,也会促使固体更快地表现出流动性质。

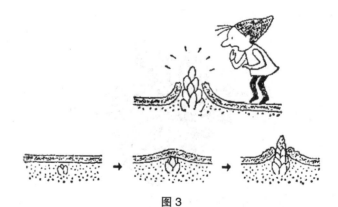

图3

流体与固体的关系还巧妙地在现代工业生产中表现出来。现代工业生产工艺的重要趋势之一，是将固体形态的原材料采用粉碎、浸提、熔化、加某种流体搅拌等办法使之流体化后，在流体运动的过程中进行反应、提炼、加工、改性等，最后再经过冷却、干燥、浓缩、蒸发、挤入模具等形成固体形态的产品。如冶金、造纸、化纤、塑料、橡胶、化肥、制糖、制造巧克力等食品……无一不是这种工艺思路。图4为三醋酸片基生产工艺的流程简图。于是，这些工业生产的效率及产品的质量，也就在很大程度上依赖于人们对流体运动规律的认识、掌握和应用。

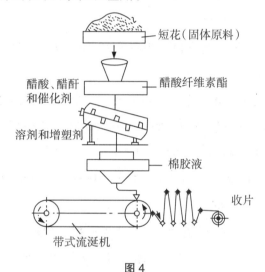

短花（固体原料）

醋酸、醋酐和催化剂　　醋酸纤维素酯

溶剂和增塑剂

棉胶液

收片

带式流涎机

图 4

总之，人们在从流体运动及其规律中吸取各种各样的"营养"，去发展自然科学和人文社会科学，去发展生产，为人类造福。

参 考 文 献

［1］［日］服部千春.《孙子兵法》校解［M］. 北京：军事科学出版社，1987：29，420.

［2］郑克礼等.《孙子兵法》在当今世界的妙用［M］. 北京：中国国际广播出版社，1992：24-25.

［3］李白. 金陵酒肆留别［M］// 蘅塘退士，梦花馆主. 唐诗三百首. 上海：广益书局，1941：43.

［4］李白. 将进酒［M］// 蘅塘退士，梦花馆主. 唐诗三百首. 上海：广益书局，1941：94-95.

［5］李煜. 虞美人［M］// 宋词鉴赏辞典. 北京：燕山出版社，1987：8.

［6］王安石. 桂枝香·金陵怀古［M］// 宋词鉴赏辞典. 北京：燕山出版社，1987：173-174.

［7］苏轼. 念奴娇·赤壁怀古［M］// 宋词鉴赏辞典. 北京：燕山出版社，1987：23-232.

［8］辛弃疾. 南乡子·登京口北固亭有怀［M］// 宋词鉴赏辞典. 北京：燕山出版社. 1987：835.

［9］诗经鉴赏辞典［M］. 合肥：安徽文艺出版社. 1988：58-59，98-99.

［10］爱因斯坦. 英费尔德. 物理学的进化［M］. 周肇威，译. 上海：上海科学技术出版社，1962.

［11］汤普森. 可压缩流体动力学［M］. 田安久等，译. 北京：科学出版社，1986：486-492.

［12］王振东. 湍流研究的进展［J］. 物理通报，1992（12）：1-4.

［13］［日］中川鹤太郎. 流动的固体［M］. 宋玉升，译. 北京：科学出版社，1983：79-92.

春蚕到死丝方尽
——谈液体的拉丝现象

相见时难别亦难,东风无力百花残。

春蚕到死丝方尽,蜡炬成灰泪始干。

晓镜但愁云鬓改,夜吟应觉月光寒。

蓬山此去无多路,青鸟殷勤为探看。

这首篇名"无题"[1]的著名七言律诗,是唐代诗人李商隐(约813—858)所作。因早已脍炙人口,所以被选入包括《唐诗三百首》在内的各种唐诗选本之中。

"春蚕到死丝方尽,蜡炬成灰泪始干"是这首"无题"中最有名的两句。后人常用这两句来赞美人间忠贞不渝的爱情,歌颂心目中的英雄人物和人类灵魂工程师那种"鞠躬尽瘁,死而后已"的高尚精神。当您使用"春蚕到死丝方尽,蜡炬成灰泪始干"时,可曾想到,在这名句之中,也蕴含着十分有趣的力学现象。

我国著名文学家周汝昌先生对这一名句曾作过精彩的注释:"春蚕自缚,满腹情丝,生为尽吐;吐之既尽,命亦随亡。绛蜡自煎,一腔热血,蒸而长流;流之既干,身亦成烬。有此痴情苦意,几于九死未悔,方能出此惊人奇语。"并称此诗句有"惊风雨的境界,泣鬼神的力量"[2]。对于如此精

011

美的解释,笔者不敢妄加评论,但从力学的观点可以提出这样的问题:蚕丝究竟是怎样形成的,是"吐"出来的吗? 蜡烛在燃烧的时候为什么总要"流泪"?

我们先来讨论蚕丝是怎样形成的。蚕卵孵化成幼蚕后,在 25～30 天内经过 5 个龄期,蜕 4 次皮,发育成 5 龄蚕。5 龄蚕食桑 6～8 天后停止食桑,皮肤透明,成为熟蚕。这时蚕腹的丝腺内充满了由于化学反应形成的黏液体——蚕丝的原料(图5),亦称为丝液。

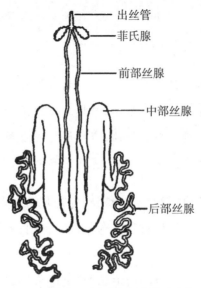

出丝管
菲氏腺
前部丝腺
中部丝腺
后部丝腺

图5　蚕的丝腺(贮存丝液的地方)

让我们仔细观察一下蚕出丝的动作。蚕将嘴里的丝液粘到某物体上(丝液中的丝胶起着"粘"的作用),然后蚕的头按照 8 字形左右摇摆,摇晃着把丝液拉成丝线,靠丝线表面上剩留的丝胶将丝线粘到茧的内侧,这样就慢慢地做成了茧。有人做了这样的试验:让一个粘着丝液的物体也随着蚕的脑袋一起摆动,那么从蚕的嘴里就"吐"不出丝线来了。也就是说,如果蚕的脑袋不摆动,丝线就不会"吐出来"。而如果拿住丝线头抽拉,可以连续不断地拉出丝线来;如果你用剪刀将丝线剪断,蚕就难以再继续拉丝了，于是它的头就在空中摇晃着，试图再找一个拴线的地方拉丝。这个试验说明：蚕丝不是"吐"出来，而是"拉"出来的。

图6　蚕拉丝图

养蚕的农家儿童常捉蚕来玩。捉一条又肥又大的即将作茧的蚕，捏住它的头尾，猛地一下左右拉开，这时头尾分离了，而从蚕腹中却拉出一条直径约1毫米、长约30厘米的透明结实的丝线。如果慢慢地拉就不行了，蚕体被拉断后，其体液滴滴答答地流出来，什么也得不到。为什么快拉就能成丝，慢拉就是液体流出来呢？现代科学研究表明，蚕丝是通过力的作用由丝液拉成的，这个现象叫做"牵引凝固"。丝液的主要成分是丝蛋白，丝蛋白的链状分子是线团状态。丝液是黏性液体，它的线团状分子呈圆球状，当你慢慢拉伸时，圆球状分子之间只有滑动，没有其他变化，所以整个液体只是流动。当你快速拉伸时，各个分子还来不及流动就被拉开了。被拉开的丝蛋白链状分子有了新的排列，产生了变异，相互靠近的分子之间产生了很强的结合力。这种丝蛋白分子之间的"结合力"虽然比原子之间的作用力弱，但是长链的各链节之间却有很强的结合，所以形成了整体上很结实的蚕丝。

蚕腹的丝液直接用手去拉，只能拉成像钓鱼线那样粗的丝线，但如果借助于蚕的嘴就能拉成纤细而漂亮的丝线，其直径可以细到0.002毫米，长度可达1 200米左右。蚕的嘴是由"角质蛋白"形成的，嘴巴上有一个"调节口"，当丝液经过它时，可以对流量进行适当的调节。

由上所述，我们可以得出如下结论：蚕腹中的胶状丝液，形成结实而又漂亮的蚕丝主要条件是拉力。蚕丝不是从蚕嘴里"吐"出来的，而是通过嘴

013

巴的流量调节用力拉出来的。这就纠正了一些人根据头脑中的"常识"而提出的、没有可靠的实验根据的蚕"吐"丝的传统看法。其实李商隐的诗并没有说蚕丝是怎么出来的,"吐"丝只是后来一些人的不恰当解释而已。

在现代化学纤维工业中,人们正在模仿蚕所做的工作,用"拉伸"的办法制造尼龙和涤纶等合成纤维。只是在开始做成丝状时,先要对液体施加很大的压力,使其从一个小孔中挤压出来,再去拉伸。如何又快又好地拉出丝来,正是流变学中"拉丝流动"所研究的内容。实际上,我们现在还比不上蚕,还不能像蚕那样只靠拉牵就能制出漂亮而结实的丝线来。蚕这个小生物身上还有许多问题,有待我们去研究和探索。

除了桑蚕(平常所讲的蚕就是指它)外、柞蚕、蓖麻蚕、木薯蚕、樟蚕、柳蚕和天蚕等也都不是吐丝,而是拉丝的。

蜘蛛结网也是这样,它的肚子里有"蛛丝液",从腹部末端(而不是从头部嘴里)拉出丝来,但蜘蛛拉出的丝不如蚕丝那么结实。蜘蛛网两种丝:一种是指向外面的,它较结实而光滑;另一种是一圈一圈的,它很有弹性,并且布满黏液珠。据说,在一个好的蜘蛛网上有 25 万个以上的黏液珠,以用来粘住飞虫供蜘蛛饱餐。

宋代诗人范成大(1126—1193)在"四时田园杂兴"诗[5]中所写

静看檐蛛结网低,无端妨碍小虫飞。

就是这一情况的生动描述。

还有一种结草虫,也可以拉出与蚕丝结实程度不相上下的丝,其"巢壳"外表有树叶和小枝缠挂着,"巢壳"的内侧像蚕茧一样结实,用手指都不易戳破它。

由科学家研究得知,蜘蛛丝和钢丝一样坚硬,却又比钢丝富有弹性;还特别耐寒,在 $-60℃ \sim -50℃$ 的低温下才会变脆发生断裂,而一般聚合物在零下十几摄氏度就会变脆。利用蛛丝的这些特性,若以它为原料制作防弹服装、降落伞等军需物资,在冬季使用时会有极佳的性能。据《世界知识》1994 年第 13 期报道，美军正责成有关部门饲养能产坚韧的金黄色蛛丝的巴拿马蜘蛛。这种蜘蛛个大体胖，是一般蜘蛛的十几倍。采集者从蜘蛛腹中引出蛛丝，用镊子夹住末端，将其绕到装有小型电动机的纺锤上，纺锤轻巧地转动，蛛丝也就唾手可得。一般每次可提取蛛丝 3~5 毫克，每段丝长可达 320 米。最令人吃惊的是，抽丝对蜘蛛并无伤害，每天都可提取。

只要稍加留意就可以看到，日常生活中有不少液体也是能拉丝的，比如敲开鸡蛋后将蛋黄取走所留下的蛋清。蛋清是搅动一下后能弹缩回来的液体，也是一种向上挑能拉丝的液体。可用筷子插入向上挑一下试试看。当向上挑的速度很慢时，蛋清会像液体一样流了下来，不拉丝；当向上挑的动作很快时，蛋清不粘筷子，也不拉丝；可是当向上挑的速度适当时，蛋清就拉丝了。当蛋清拉的丝断了的时候，还可看到在断开的一瞬间，会像橡皮条那样稍有收缩(图 7)。用筷子挑山药汁以及婴儿流的口水，情况也都与此相似。这些液体能拉丝，也跟蚕的丝液能拉出丝一样，是因为它们有黏性和弹性的双重性质。

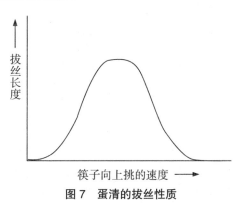

图 7　蛋清的拔丝性质

动物与植物的"黏液"大多具有黏性和弹性的双重性质。比如蜗牛和蛞蝓的黏液，人的唾液、痰、鼻涕，黄鳝的黏液，海藻表面的黏液，芋头的黏液等。这些液体用力搅动后都能表现回缩的弹性，向上挑的速度合适也能拉出丝来。研究表明，在液体拉丝现象中，黏滞性起主要作用，弹性起辅助作用。也就是说,可流动性是拉丝的基本条件,再加上可伸缩的弹性,才能出现拉成长丝的现象。图8是纳豆的黏液拔丝现象。

图8　纳豆的黏液拔丝现象

　　有些食品以能拉出丝来而著名。如主产于河北沧县和山东乐陵的"金丝小枣",以核小、肉厚、色鲜、味浓、糖多、质细著称,购买时鉴别质量是否上乘的主要标准,是用手抓住小枣两头,猛一撕开后,看是否能拉出很多金色的丝来判别。成语"藕断丝连",描述了鲜藕切断后,藕中所含黏液被拉出丝的情景。菜肴中有一道拔丝菠萝(或苹果、山药等),就是用炒糖稀做成黏液裹在上面,以能拉出许多糖丝而著称。当然也有的食品,在新鲜的时候不会有拉丝,腐坏了才容易拉丝,人们也常以此来判断这些食品是否腐坏变质了,比如农历八月十五中秋节时的月饼。

　　接着我们还要讨论一下"蜡炬成灰泪始干"是怎样的力学现象。如果仔细观察一支燃烧时的普通蜡烛,就会发现,靠近火焰的油脂比靠近外边的热,因此它有较弱的表皮,从而形成了一种持续的环流;油脂由面上向外流,然后又从下面流回来,形成一组涡旋。油脂运动时因携带着细小的灰尘颗粒,就容易使这种运动看清楚。因为油脂在作涡旋运动,热油脂极易从面上流到蜡烛边缘,而在重力作用下沿蜡烛的圆柱表面由上流淌而下,这就是"泪"。"泪"流不远即因温度降低而凝固在蜡烛的圆柱表面上,又形成了"泪痕"。这种"泪"当然只有等油脂全部烧尽成气跑掉后才会"干涸"。

参 考 文 献

[1] 蘅塘退士. 梦花馆主注释 [M] // 唐诗三百首. 上海:上海广益书局,1941:186.

[2] 周汝昌. 李商隐"无题"注释 [M] // 唐诗鉴赏辞典. 上海:上海辞书出版社,1985:1172-1174,1408.

[3] 中国大百科全书·纺织卷 [M]. 北京:中国大百科全书出版社,1984:15-16.

[4] 中川鹤太郎. 流动的固体 [M]. 宋玉升,译. 北京:科学出版社,1983.

[5] 周汝昌选注. 范成大诗选 [M]. 北京:人民文学出版社,1984:245.

郡亭枕上看潮头
——漫谈潮汐及其开发利用

江南好,风景旧曾谙。日出江花红胜火,春来江水绿如蓝。能不忆江南?

江南忆,最忆是杭州。山寺月中寻桂子,郡亭枕上看潮头。何日更重游?

江南忆,其次忆吴宫。吴酒一杯春竹叶,吴娃双舞醉芙蓉。早晚复相逢?

这篇"忆江南"[1],是诗人白居易(772—846)抒发对江南忆恋之情的名作。早在青年时期,白居易就曾漫游江南,行旅苏杭;中年又曾先后于 822 年任杭州刺史,825 年任苏州刺史。江南,特别是苏杭二州的秀丽风景,给他留下了美好的回忆。回洛阳后曾作多首诗词叙苏杭盛事,此词系唐开成三年(838 年)他 67 岁时所写。

我们着重来看此词中段。偌大一个杭州,可忆的美景当然很多,而按此词牌结构,只能纳入两句,这就要选择最有代表性、感受最深的景物。月中桂子和浙江涌潮,便是白居易所选最有代表性、最美的回忆。钱塘江(又名浙江、之江、罗刹江)流至海门入海,钱塘江大潮汹涌澎湃,犹如直立的水墙,排山倒海而来,怒潮滚滚,势不可当。所以诗人任杭州刺史时,躺在郡衙建造的亭子上,就能看见那卷云拥雪的壮丽景色。"郡亭枕上看潮头",其形体当然是静的,但其内心世界是否也是静的呢?白居易另有一首七绝"观潮"诗[2],可以说明其观潮时的内心活动:

> 早潮才落晚潮来,一月周流六十回。
>
> 不独光阴朝复暮,杭州老去被潮催。

这里显然已蕴含着人生有限、而宇宙无穷的哲理,很值得人们深思。

实际上,众多唐宋诗人墨客都曾用精彩的诗句,描述过钱塘江大潮的雄伟壮观。这里我们不妨用集句形式窥其一斑:

如宋之问"灵隐寺"[3]

> 楼观沧海日,门对浙江潮。

苏轼(1037—1101)"催试官考较戏作"[4]

> 八月十八潮,壮观天下无。

刘长卿"送陶十赴杭州摄掾"[5]

> 浙中山色千万状,门外潮声朝暮时。

陈师道(1053—1102)"观潮二首"[6]

> 一年壮观尽今朝,晚日沉浮急浪中。

李廓"忆钱塘"[7]

> 一千里色中秋月,十万军声半夜潮。

张舆"江潮"[8]

> 罗刹江头八月潮,吞山挟海势雄豪。

刘禹锡(772—842)"浪淘沙·八月涛声"[9]

> 八月涛声吼地来,头高数丈触山回。

苏轼"八月十五日看潮"[10]

> 欲识潮头高几许,越山浑在浪花中。

这些诗句都生动、集中地表现了雄奇壮阔、声势浩大、千姿百态的钱塘潮景观。

那么什么是潮汐?为什么钱塘江的潮汐如此雄伟壮观呢?

我们先来讨论海洋潮汐。从流体力学看,海洋潮汐是海水受引潮力作用而产生的海洋水体的长周期波动现象,它在铅直方向表现为潮位升降,在水平方向表现为潮流涨落。古人将早晨海水上涨称为潮,黄昏上涨称为汐,故合称为潮汐,或称海潮(古代涛与潮通用)。月球、太阳或其他天体对地球上单位质量物体的引力,与对地心单位质量物体的引力之差称为引潮力。太阳因离地球远,其引潮力只有月球的46%。农历每月的朔(初一)和望(十五或十六),月球、太阳和地球的位置大致处于一条直线上。此时月球和太阳的引潮力的方向相同,所引起的潮汐相互增强,使潮差出现极大值。这种极大值每半个朔望月(14.765 3天)出现一次,称为大潮。农历每月上弦(初八或初九)、下弦(廿二或廿三)时,月球和太阳的引潮力方向接近正交,互相削弱情况最显著,故潮差达极小值,称为小潮。

潮汐的升降、涨落与人们的生活和生产活动密切相关。舰船的进、出港与航行,沿海地区的渔业、农业、盐业、港口建设,环境保护等,都必须考虑潮汐的变化规律。此外,利用潮汐发电,也是能源开发的一个重要方面,这点将在后面详细叙述。

古人对潮汐的认识,可追溯到汉代王充(27—97)在《论衡》中所说"涛之起也,随月盛衰,小大满损不齐同",它科学地说明了潮汐对月球的依赖关系。宋代余靖(1000—1064)指出潮汐是一种"彼竭此盈,往来不绝"的波动现象。西方到17世纪,才由牛顿(1643—1727)根据其提出的万有引力定律,用引潮力说明潮汐的原因,并为大家所接受。之后,D·伯努利(1700—1782)和P.S.拉普拉斯(1749—1827)分别建立了潮汐的静力学和动力学基本理论。到 19 世纪 60 年代末,才形成潮汐分析和预报的方法,并得到应用。

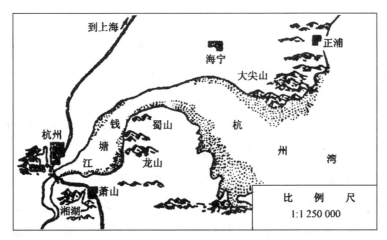

图 9　杭州湾喇叭口形势图

　　发生在杭州湾钱塘江口的潮水暴涨现象,被称为钱塘江涌潮。我国沿海的潮波主要是由太平洋传入的,浙江沿岸、杭州湾一带正当其冲,加上杭州湾连接钱塘江口呈漏斗形状(图 9),水域变浅变狭,单位体积海水的势能增大,致使潮差在海宁可高达 8.93 米。潮波在这里又与河水相遇,波面受到较大的阻力,使潮波波峰的前沿出现破碎现象;又遇水下沙坝,迫使涌潮分为“东湖”和“南湖”两支,继续向河口推进,并在大尖山和海宁之间发生潮波的折射、反射和交汇,有时能激起 10 余米高的水柱。破碎的潮峰呈滚滚白浪,高度 1～2 米,并以 4～6 米/秒的速度传播。大潮带来的海水,1秒钟内常可达数万吨,所产生的力量也是惊人的。1953 年 8 月的一次大潮,竟将海宁镇海塔附近高出海面七八米的石塘上一座 1500 多千克重的“镇海铁牛”冲出十几米之外。每年农历八月十八日,恰逢临近秋分的大潮,又正值雨季,平均海面升高,若再遇强劲东风或东南风,则风助潮势,涌潮的景象更加壮观,诗人描述的吞山挟海、涛声吼地、雄奇壮阔、千姿百态的钱塘潮景观就出现了。现在每年农历八月十八日,已被海宁定为观潮节,它吸引着海内外游客前去观赏。

　　在流体力学中,把涌潮看做是逆水流传播的水跃。所谓水跃是指海水

021

自由表面，从一个高度在很短的距离内跃升到较大的高度。可用弗劳德数 $Fr=v/\sqrt{gh}$ 来描述涌潮是否出现，式中 v 是水流速度，g 是重力加速度，h 是水深，$\sqrt{gh}$ 是潮波的传播速度。当 Fr 略大于 1 时，出现弱涌潮波；当 Fr 远大于 1 时，出现强涌潮波。对具体河口来说，潮差大并有平缓、宽阔漏斗形状的河口是发生涌潮的基本条件，钱塘江口正具备了这两个条件。世界上至少有 15 处以上的涌潮，如南美洲的亚马孙河口，涌潮可高达 5 米，流速约 6 米/秒；法国的塞纳河口，涌潮高达 4~6 米。

我国有 18 000 多千米的海岸线，海域面积 470 多万平方千米，南部沿海平均潮差 4~5 米的地区比比皆是，以钱塘江口的潮差最大。夏季去北戴河旅游时，许多人去过山海关附近的孟姜女庙。在孟姜女庙堂的门口，有一副不大容易念下来的对联：

> 海水朝朝朝朝朝朝朝落
>
> 浮云长长长长长长长消

这正是描述关于潮汐与白云的流体运动现象的一副对联，可以念为：
海水朝（cháo）、朝（zhāo）朝（zhāo）朝（cháo）、朝（zhāo）朝（cháo）朝（zhāo）落；浮云长（zhǎng）、长（cháng）长（cháng）长（zhǎng）、长（cháng）长（zhǎng）长（cháng）消。

这里，朝（cháo）与潮通用。

海流、潮汐和波浪是海水运动的主要方式，利用潮汐发电是能源开发的一个重要方向。全世界潮汐能可开发的总容量约 10 亿~11 亿千瓦时，如能充分利用，年发电量可达 12 400 亿千瓦时。据 1985 年普查，我国的潮汐能可开发的总容量约 2 158 万千瓦时，年发电量可达 619 亿千瓦时。世界上最大潮差在加拿大的芬迪湾，为 19.6 米。我国沿海的平均潮差在 1~4.5 米之间，最大潮差就在钱塘江口，为 8.93 米。

利用海潮涨落形成的潮汐能发电的水电站，称为潮汐电站。潮汐电站一般在地形和地质优良的海湾入口处建堤坝、厂房和水闸，与海隔开形成水库,利用涨落潮时库内水位与海水之间的水位差,引入经厂房内的水轮发电机组发电。

潮汐电站有许多优点:

(1)能源可靠,是可再生能源。周而复始,可经久不息地利用。

(2)虽有周期性间隙,但具有准确规律,可用电子计算机预报,有计划地纳入电网运行。

(3)没有淹没损失、移民等问题。

(4)一般离用电中心近,不必远距离送电。

(5)水库内可发展水产养殖、围垦和旅游。

正因为以上优点,世界上经济较发达的沿海国家,都很重视潮汐能的开发利用。

目前潮汐电站尚处于试验探索阶段,以法国起步最早,成效最大。已建装机容量超过900千瓦的几个潮汐电站如下表所示。[12]

国家	站名	位置	最大潮差（米）	装机容量（千瓦）	台数	年发电量（万千瓦时）	投入运行（年份）
法国	朗斯	圣玛珞	13.5	240 000	24	54 400	1966
加拿大	安纳波利斯	芬迪湾	19.6	20 000	1	5 000	1983
中国	江厦	浙江温岭	8.39	3 200	5	1 058	1980
中国	白沙口	山东乳山	4.8	900	6	232	1978

我国从20世纪60年代起,在山东、江苏、浙江、福建、广东等省已修建10多座小型潮汐电站,为沿海农村、渔场提供电能。有人曾估计,著名的钱塘江大潮,如用来发电,其发电能力几乎是三峡水电站的一半。由于如何充分利用潮汐能发电还有许多问题有待研究,1993年国家自然科学基金委员会曾将潮汐能的开发利用列为鼓励研究项目招标。我们相信,我国的潮汐能经过力学家和有关学科专家的共同努力,一定会逐步得到充分利用,使古时诗人笔下描述的潮汐,为社会主义现代化建设提供更多的电能。

参 考 文 献

［1］白居易. 忆江南 ［M］// 唐宋词鉴赏辞典. 上海：上海辞书出版社，
　　　1988：26.

［2］白居易. 观潮 ［M］// 唐宋词鉴赏辞典. 上海：上海辞书出版社，
　　　1988：29.

［3］宋之问. 灵隐寺 ［M］// 山水诗歌鉴赏辞典. 北京：中国旅游出版社，
　　　1989：135.

［4］苏东坡. 催试官考较戏作 ［M］// 苏东坡全集（上册）. 北京：中
　　　国书店，1991：71.

［5］刘长卿. 送陶十赴杭州摄掾 ［M］// 全唐诗（第五册），150 卷. 北
　　　京：中华书局，1960：1560.

［6］陈师道. 观潮二首 ［M］// 西湖诗词. 上海：上海古籍出版社，1982：185.

［7］李廓. 忆钱塘 ［M］// 全唐诗外编（上册）. 北京：中华书局，1982：
　　　147.

［8］张舆. 江潮 ［M］// 西湖诗词. 上海：上海古籍出版社，1982：188.

［9］刘禹锡. 浪淘沙·八月涛声 ［M］// 西湖诗词. 上海：上海古籍出版社，
　　　1982：181.

［10］苏东坡. 八月十五日看潮 ［M］// 苏东坡全集（上册）. 北京：中
　　　国书店，1991：87.

［11］中国大百科全书·大气科学、海洋科学、水文科学卷 ［M］. 北京：
　　　中国大百科全书出版社，1987：300-302，619-620.

［12］中国大百科全书·水利卷 ［M］. 北京：中国大百科全书出版社，
　　　1992：25-27.

峡江漱石水多漩
——漫谈流体中的涡旋

钻火巴东岸，扰金峡口船。束江崖欲合，漱石水多漩。

卓午三竿日，中间一罅天。伟哉神禹迹，疏凿此山川！

这首篇名为"初入巫峡"的五言律诗[1]，系宋代诗人范成大（1126—1193）所作。范成大，字致能，平江（今苏州）人，存诗 1 900 多篇，因晚年士居于苏州石湖别墅，自号石湖居士，人称范石湖。诗中前半段的意思是，寒食节（古风俗在这天应钻木取新火，直到明代仍存此风俗）时在巴东县峡口扰金（chuāng jīn 即敲锣）登舟，入巫峡后江路极狭窄，江流漱（shù，冲刷义）石回旋成涡，涡旋既多又凶猛。这首诗形象地描述了当时长江巫峡段水中多涡旋的情景。

范成大另一首五言古诗"刺溃淖（并序）"[2]，更加生动地描绘了峡江中涡旋的险恶：

溃淖，盘涡之大者。峡江水壮则有之，或大如一间屋。相传水行峡底，遇暗石则溃起，已而下旋为涡。

然亦未尝有定处，或无故突然而作，叵测也。舟行遇之，小则欹侧，大则与赍俱入，险恶之名闻天下。

> 峡江饶暗石，水状日千变；不愁滩泷来，但畏溃淖见；
> 人言盘涡耳，夷险顾有间；仍于非时作，未可一理贯；
> 安行方熨縠，无事忽翻练；突如汤鼎沸，翕作茶磨旋；
> 势迫中成洼，怒霆外始晕；已定稍安慰，倏作更惊眩；
> 漂漂浮沫起，疑有潜鲸噀；勃勃骇浪腾，复恐蛰鳌扞。
> 篙师瞪褫魄，滩户呀雨汗；逡巡怯大敌，勇往决鏖战；
> 幸免与贲入，还忧似蓬转；惊呼招竿折，奔救竹笮断；
> 九死船头争，万苦石上牵；旁观兢薄冰，撇过捷飞电；
> 前余叱驭来，山险固尝遍；今者击楫誓，岂复惮波面？
> 澎澎三峡长，飓飓一苇乱；既微掬指忙，又匪科头漫；
> 天子赐之履，江神敢吾玩？但催叠鼓轰，往助双橹健！

溃淖（fén nào）是指大涡旋[3]，赍（jī）即为"脐"字，指涡旋的中心。

范成大这首五言古诗及序，生动形象地描述了在长江三峡行舟时，所遇涡旋的惊险情景：有时能安稳行舟，江面上如熨縠（微波涟漪义）一样顺利恬静；但江水忽然翻滚而起如缣练翻搅，使人猝然不备，只好殊死鏖战渡险，如履薄冰，逃过溃淖。

实际上，在范成大之前，唐代诗人杜甫（712—770）在"最能行"一诗[4]中亦有

> 欹帆侧柁入波涛，撇漩捎溃无险阻

之句，描述驾舟航行时逃避涡旋的情景。

范成大不但对峡江水中的涡旋进行了形象描述，从描述中还可见其对涡旋产生规律进行的思考。特别是其涡旋喷起"未尝有定处，或无故突然而作"这段描述，竟与近代流体力学对壁湍流猝发（bursting）现象的描述颇有相似之处。这正像钱钟书先生在《谈艺录》中所说[5]"唐诗、宋诗亦非仅朝代之别，乃体格性分之殊。天下有两种人，斯分两种诗。唐诗多以丰神

情韵擅长，宋诗多以筋骨思理见胜"。范成大看起来亦是在"思理"，捉摸峡江水中涡旋的产生规律，从而留下"无故突然而作"、"无事忽翻练"、"突如汤鼎沸，翕作茶磨旋"等精彩的诗句。

实际上也不只是江水中有涡旋，在自然界中我们经常可以看到各种形形色色的流体涡旋。宇宙空间的涡旋星系，可能是尺度最大的涡旋。中国科学院外籍院士林家翘教授曾在研究涡旋星系方面做出过很大的贡献。夏季在电视台气象预报节目展示卫星云图时，不时能看到由大团白云显示的热带气旋。过去曾将它们统称为台风，现在按气象部门的定义，当热带气旋中心附近的风力为 8～9 级时称为热带风暴，10～11 级时称为强热带风暴，12 级及以上则称为台风，这些也都是尺度相当大的涡旋。热带气旋是反时针方向旋转的强烈的涡旋，其形状如漏斗，下层周围的空气向中心流入并向上升，而上层空气则向四周流出，其半径可达数百千米。由于它对人类的生活、生产有极大的破坏力，所以每年的热带气旋已被气象部门编号进行观测和预报。据统计年平均要发生约 30 次左右(图 10)。登上四

图 10 人造卫星拍摄的太平洋风暴云

川峨眉山金顶,可以看到在直立800米的陡壁下翻滚的白云亦是一个大涡旋。海面和地面上的龙卷风,能将海水或地面上的东西卷吸到高空,也是一种破坏性极强的涡旋。旋风分离器是靠人为制造的涡旋来分离由锅炉排放出烟气中的固体颗粒,使得烟筒只排放较洁净的气体,以达到环境保护的目的(图11)。

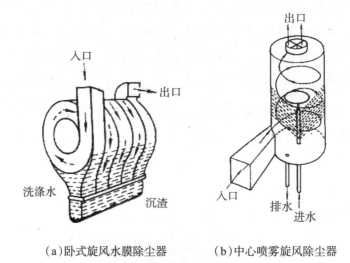

（a）卧式旋风水膜除尘器　　　（b）中心喷雾旋风除尘器

图11　旋风分离器示意图

还有一种以冯·卡门(von Kármán,1881—1963)名字命名的卡门涡街,这是流体在流过一根柱体时,在柱体后面出现的两排互相交错的涡旋(图12)。卡门自己曾说:"我并不宣称,这些涡旋是我发现的。早在我生下来以前,大家已知道有这样的涡旋。我最早看到的是意大利Bologna教堂中的一幅图画。图上画着St. Christopher抱着年幼的耶稣涉水过河。画家在Christopher的赤脚后面画上了交错的涡旋。"[6]后来H.Bénard(1874—1939)也对这种交错的涡旋进行过研究。但真正解释清这一现象,给出理论分析的却是卡门在1911—1912年的工作。所以人们用其名字来命名这一涡街。当卡门涡街的发放频率与桥梁的固有频率相耦合时,就会引起共振现象,使物体的振动不断增大,甚至造成破坏。1940年11月7日,美国建筑史上

$R=32$

$R=55$

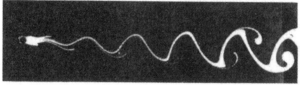

$R=65$

$R=73$

$R=102$

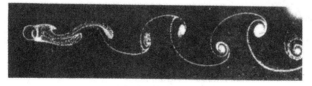

$R=161$

图 12　不同雷诺数下的卡门涡街

发生了一场悲剧。由一位精明能干的桥梁工程师建造的全长一英里的塔科马(Tacoma)海峡悬桥,在大风中发生了剧烈的扭曲振动,振幅高达17米;不到1小时,这座价值640万美元的大桥便崩塌殆尽,化为一堆碎石。大桥的崩塌引起了美国工程界的震惊,许多专家从不同角度来分析研究崩塌的原因。最后从理论和实验上证实了,大桥边墙在大风中发放的卡门涡街是这座大桥崩塌的祸根。从此以后,人们在研究建筑物安全时,必须将卡门涡街作为一个重要因素来考虑。卡门关于涡街的论文发表后不久,当时任英国剑桥大学校长的力学家Rayleigh(1842—1919)就指出,这些交错的涡旋就是风吹竖琴(acolian harp)发音的原因。后来,还有一位法国的海军工程师告诉卡门,当潜艇在潜航速度超过每小时7海里时,潜望镜会突然完全失去作用,这也是镜筒产生的周期性涡旋的发放频率与镜筒自振频率发生共振引起的。

人们还根据卡门涡街的原理,将圆柱放置在均匀流动中使其产生尾流,通过测量尾流产生的卡门涡的发放频率,以达到测量流速和流量的目的。这种名为"卡门涡街流量计"的流量测试装置,目前已在工业界得到了广泛的应用。

湍流是自然界和工程技术中最为常见的流动状态。过去湍流曾被看成是完全杂乱无章的流动,20世纪60年代以来,从实验中发现湍流具有相干结构(coherent structure,也译为拟序结构),使湍流研究进入了一个新阶段。而这种湍流相干结构正是一系列有组织的涡旋。图13是边界层中的涡。

涡旋中心(亦称涡核)有轴向流是涡旋运动相当普遍的现象,除前面已谈到的台风和龙卷风外,常见的水中的涡旋也能清晰地显示出轴向流的存在。大范围的巨型海洋涡旋能使海面旋转成抛物面状,这一现象甚至被人用来解释百慕大三角之谜。在日常生活中,人们也有这样的经验,当洗脸池或澡盆中的水,从出水口流得很慢时,如果用手在水中制造一个涡核在出水口的涡旋,则轴向流将加快出水的速度。

（a）边界层的涡结构（流动自左向右）

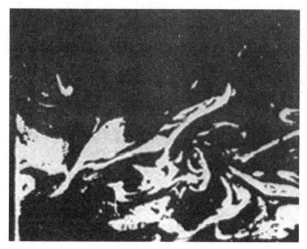

（b）局部放大图

图 13

描述涡旋的一个重要物理量——涡量有着明确的定义

$$\Omega = \mathrm{rot}\, v\,(\text{速度场的旋度})$$

流体力学中也已建立了涡量所满足的微分方程。可是涡旋的定义至今仍众说纷纭。也可能是涡旋太广泛存在了（图 14、15、16），反而难以下一个含义全面的明确定义。美国流体力学专家萨夫曼（P.G.Saffman）提出，涡旋是"以无旋流体或固体壁面为边界的有限体积的旋转流体"。[7]这个定义不只包括有明显旋转轴的集中涡，也包括各种形态的薄的涡层，但看来不能包括涡旋星系那样的形态。卢格特（H,J,Luqt）提出，"涡旋是一群绕公共中心旋转的流体微团"。[8]此定义可以包括涡旋星系，但又排除了薄涡层。《中国大百科全书·力学卷》中将涡旋定义为[9]"流体团的旋转运动"，

图 14 分层流中的涡

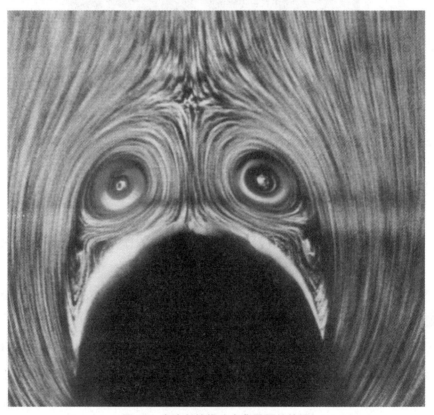

图 15 有攻角的锥头在背风面处的涡

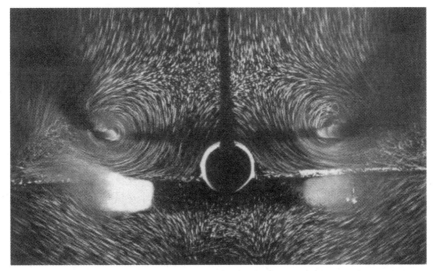

图16 协和式飞机着陆时流场中的涡

类似于 Luqt 的看法。尽管明确的定义仍在探讨之中，但对涡旋在流体运动中重要性的认识是一致的。著名空气动力学家屈西曼（D, Kuchemann）曾说："涡旋是流体运动的肌腱。"[10]著名流体力学家陆士嘉也曾说过："流体的本质就是涡，因为流体经不住搓，一搓就搓出了涡。"

因为急流的溃淖、龙卷风、台风等这样的涡旋常常伴随着灾难或惊险，从而引起人们全神贯注的关心或全力拼搏、抢救，所以社会科学也将"涡旋"这一词汇移植了过去。有用涡旋来比喻遇到了极大的麻烦，像"某某陷入了某问题的涡旋"。也有用涡旋来比喻大家关心问题的焦点，像电视中"焦点时刻"栏目就采用了涡旋图案来做标志。

在人们的生活与生产活动中，有时需要防止涡旋的不利作用，有时也需要涡旋帮忙，发挥涡旋的积极作用。除了前面已谈及有破坏作用的例子外，涡旋的产生伴随着机械能的耗损，从而使物体(飞机、船舰、水轮机、汽轮机等)增加流体阻力或降低其机械效率。但另一方面，正是依靠涡旋，才使机翼获得升力。在水利工程中，例如水坝的泄水口附近，为保护坝基不被急泻而下的水流冲坏，采用消能设备，人为地制造涡旋以消耗水流的动能。还可以利用涡旋这种急剧的旋转运动，完成加快掺混媒质的任务，以加快化学反应的速度，增强轻工、冶金过程的混合速度，大大提高燃烧效率和热交换效率等。

涡旋有害也有利，所以科学工作者要研究如何在生产过程中控制涡旋的产生和发展，并对自然界中有巨大破坏作用的涡旋加强预报，研究减轻灾害的方法。

参 考 文 献

［1］范成大. 初入巫峡［M］// 范成大诗选（周汝昌选注）. 北京：人民文学出版社，1984：172-173.

［2］范成大. 刺濆淖（并序）［M］// 范成大诗选（周汝昌选注）. 北京：人民文学出版社，1984：173-176.

［3］辞源. 第三卷［M］. 北京：商务印书馆，1984：1882.

［4］杜甫. 最能行［M］// 全唐诗（第七册，221 卷），北京：中华书局，1960：2335.

［5］钱钟书. 谈艺录（补订本）［M］. 北京：中华书局，1984：2.

［6］冯·卡门. 空气动力学的发展［M］. 江可宗，译. 上海：上海科学技术出版社，1962：55-58.

［7］Saffman P. G，Baker G. R. Ann，Rev Fluid Mech，1979. 11：95.

［8］Lugt H. J，Vortex Flow in Nature and Technology，Wiley 1983.

［9］中国大百科全书·力学卷［M］. 北京：中国大百科全书出版社，1985.

［10］Kuchemann D，J. Fluid Mech，1961. 21：1.

露珠不定始知圆
——谈润湿现象与表面张力

> 秋荷一滴露,清夜坠玄天;
>
> 将来玉盘上,不定始知圆。

这是唐代诗人韦应物(约737—约791)的一首五言绝句,诗名为《咏露珠》。[1]因从未见它被选入唐诗几百首或其他流传较广的唐诗选集之中,所以一直鲜为人知。但诗人仅以20个字,便生动地描绘了秋夜由天空掉下的一个露滴,落到展开的碧绿的荷叶面上,成为晶莹透亮的水珠,滚来滚去,煞是好看。小诗给了我们美的享受,也给了我们知识的启迪。诗中"不定始知圆"的诗句,实际上是说,由于看到露珠在荷叶面上滚来滚去,方知它是球形。其实,秋荷上的露珠也不一定是从天空掉下来的,秋天的后半夜空气湿度大、温度低,在荷叶上凝结的露水,也可形成露珠。但由现代科学来看,韦应物这首诗正是描述了一滴露珠在荷叶面上不润湿的力学现象。

稍后,白居易(772—846)也有一首七绝涉及露珠在绿草上的不润湿现象:

> 一道残阳铺水中,半江瑟瑟半江红。
>
> 可怜九月初三夜,露似珍珠月似弓。

　　这首篇名为《暮江吟》[2]的七言绝句,作于公元822年诗人赴杭州任刺史的途中。他选取了红日西沉和新月东升两组景物,生动地描绘了所观察到的力学现象。前两句描绘了残阳中水面皱起的波动;接近地平线的"残阳",几乎贴着地面照射过来,像是铺在江上;而暮江水缓缓流动,江面上细波粼粼,波纹受光多的部分,呈现一片红色;受光少的部分,呈现出如同青玉般的深碧色。后两句描绘了新月下,露珠在江边绿草上因不润湿而形成的奇特现象:九月初三夜十分可爱,当初月升起,凉露下降的时候,江边草地的绿草上因为不润湿而挂满了晶莹的露珠;在弓也似的一弯新月的清辉下,圆润的露珠闪烁着光泽,就像是镶嵌在上面的粒粒珍珠一样。

图17　露似珍珠

　　那么究竟什么是润湿呢?润湿是指液体与固体接触时,沿固体表面扩展的现象。将一滴液体,放在一均匀平滑的固体表面上,会产生两种情况:一种是液体完全展开覆盖固体表面;另一种是液滴与固体表面形成一定角度仍留在固体表面上。这个在固、液、气三相交界处,自固—液界面经过液体内部到气—液界面之间的夹角(图18)称为接触角,通常以θ表示。接触角的大小可以反映液体对固体表面的润湿情况。接触角越小,润湿得越好。习惯上将液体在固体表面上的接触角$\theta=90°$时定义为润湿与否的标准。$\theta>90°$时为不润湿,$\theta<90°$则为润湿。水与洁净玻璃的$\theta=0$,为完全润湿;水银与玻璃的$\theta=138°$,所以水银在玻璃上收缩成球形。韦应物与白居易的诗中所提到的露珠在荷叶面上和露珠在绿草叶上,均属于$\theta>90°$的不润湿情况。

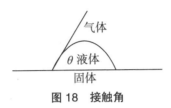

图 18 接触角

唐宋诗词作者常以润湿现象来抒发别离和思念的感情,有的还引申到美丽景色使身心受到滋润和浸染,用以展示景色给人心灵以诗意般的感受,如:

王勃(约 650—676)《送杜少府之任蜀川》诗[3]

> 海内存知己,天涯若比邻。无为在歧路,儿女共沾巾。

刘长卿(? —约 789)《饯别王十一南游》诗[4]

> 望君烟水阔,挥手泪沾巾。

陆游 (1125—1210)《新津小宴之明日欲游修觉寺以雨不果呈范舍人》诗[5]

> 风雨长亮话别离,忍着清泪湿燕脂。

王维(? —761)《山中》诗[6]

> 荆溪白石出,天寒红叶稀。山路元无雨,空翠湿人衣。

037

张旭(生卒年代不详)《山中留客》诗[7]

纵使清明无雨色,入云深处亦沾衣。

辛弃疾(1140—1207)《木兰花慢·席上送张仲固帅兴元》词[8]

追亡事,今不见,但山川满目泪沾衣。

在自然界、工程技术和日常生活中,润湿和不润湿现象都有重要的意义和作用。彩色感光材料和录音、录像磁带在生产过程中,都要将配制好的感光材料涂液或磁浆,又快又均匀地涂布到固体薄片基上,然后再干燥、裁切、包装成产品。能不能又快又均匀地涂上去,就与所涂液体能否在固体薄片基(现通常是采用涤纶薄膜片基)上润湿,并能迅速铺展开来密切相关。现在比较讲究的印刷纸张表面要加上一层薄薄的涂料,其涂布过程也要考虑涂液对纸基上的润湿性能。要又快又好地印出多彩的图案来,各种油墨对纸张也要有好的润湿性能。即使在日常生活中,墙壁的刷浆、家具的刷漆,均有类似的需要润湿性能好的问题。

古人对润湿的作用早有认识。这可以追溯到汉代淮南王刘安(前179—前122)等撰写的《淮南子》。[9]它所表述的道家自然天道观中就有“山云蒸,柱础润”之说。后来宋代苏东坡之父苏洵(1009—1066)在《辨奸论》中说“月晕而风,础润而雨”,已明确将础石由于润湿出现的潮湿,作为将要下雨的征兆。

生活中有时也希望应用不润湿的现象。几乎所有的防水用品,都希望水对其不润湿。例如风雨衣、雨伞的面布,就希望雨水打到上面后完全不润湿,形成水珠落下。

据报道,法国有人看到郁金香花瓣的表面粗糙不平,上面有许多仿佛人汗毛形状的物质,当水滴到郁金香花瓣上,因不润湿而保持圆珠状,并自己滑走;从而试图把这一原理嫁接到汽车的挡风玻璃上,将玻璃表面处理成郁金香花瓣表面那样,使水不润湿。当雨水落在这种经过改造的挡风玻璃上,会保持圆珠状,当汽车在行驶时,由于风速和重力的原因,雨滴会自动滑走。如果这一技术成功,汽车的雨刷将成为摆设。其实从1000多年前韦应物和白居易的诗,我们也应可以得到启发,仿照荷叶面或小草表面来改造玻璃面,使雨水完全不润湿,也可以达到雨滴从汽车挡风玻璃上自动滑走的目的。

若将一滴液体放到另一种与它不相混溶的液体表面上,则也有润湿与否(亦称能否铺展)的现象。可能发生以下情况:

(1)一种液体(例如油)在另一种液体(例如水)表面上不铺展,形成漂浮的油滴式"透镜";

(2)一种液体在另一种液体表面上展开形成双重膜,此膜有相当的厚度,形成液1-液2、液1-空气两个界面;

(3)一种液体在另一种液体上展开,形成一单分子膜。

这种液体与另一种和它不相溶的液体之间润湿与否的现象,与发展先进的石油采油技术密切相关。储存在地下石灰岩及其他多孔介质中的原油,经过喷出(称为一次采油)、抽油机抽出(称为二次采油,即平时所常见的"磕头机"抽油)之后,几乎还有一半的石油没有被采出,仍黏附在孔隙中。为迫使这些原油流出,就要在采油井附近再打另一口井,将水(或其他高分子液体)加压注入,迫使这些原油流向采油井再抽出(称为三次采油)。现代科学研究发现,将水加压注入高黏性液体中时,水是按照具有很多细小、且高度分枝的线段组成的珊瑚状分形结构前进的,称为黏性指进(viscous fingering,图19)。黏性指进限制了三次采油的效率。因为

图19 黏性指进

当水的细指如果由于润湿性能不合适,而从注水井到采油井这段距离破裂时,就有可能从采油井采出的将是注入的水,而不是油,或者水多油少,实

际上在油田经常发生这种情况。因此必须在研究黏性指进时,考虑润湿的因素,才能找到控制它们的方法,以发展先进有效的采油技术。

润湿过程大体可分为沾湿、浸湿和铺展三类,每一类过程都有定量的公式。用它可判断这一过程能否自发(或自动)进行。

沾湿是指液体与固体接触,变液—气界面、固—气界面为固—液界面的过程。液体对固体的沾湿能力可用黏附功 W_a 表示,

$$W_a = \gamma_{LG}(1+\cos\theta) \qquad (1)$$

式中 γ_{LG} 是液体的表面张力,θ 是液体在固体表面上的接触角。(1)式称为杨氏润湿方程。根据热力学,在等温等压的条件下,$W_a \geq 0$ 的过程为天然过程的方向,此即沾湿过程自发进行的条件。

浸湿是指固体浸入液体的过程,即变固—气界面为固—液界面的过程。液体表面在此过程中没有变化。浸湿的能力用浸湿功 W_1 表示

$$W_1 = \gamma_{LG}\cos\theta \qquad (2)$$

若 $\theta \leq 90°$,则浸湿过程可以自发进行。

铺展是一种液体在另一种液体表面上展开的过程。其能力可用铺展系数 S_{ab} 来判断

$$S_{ab} = \gamma_a - \gamma_b - \gamma_{ab} \qquad (3)$$

式中 γ_a,γ_b 分别是液体 a 和液体 b 的表面张力,γ_{ab} 是液体 a、b 间的界面张力。若 $S_{ab} \geq 0$,则液体 a 能在液体 b 表面上自动展开。

式(1)~(3)均涉及液体的表面张力,那么什么是表面张力,它与润湿现象有什么关系呢?

表面张力是指垂直地通过液体表面上任一单位弧元,并沿着与液面相切方向的收缩表面的力,以毫牛顿/米为单位,通常用 γ 表示。液体表面的基本特性是倾向于收缩,即总是尽可能取最小的表面积。一切容积相等的形状中,以球形的表面积为最小,因此小量水银和露珠会趋向球形,肥皂膜会自动收缩成滴。这就是韦应物、白居易诗中露珠成球形的原因。

表面张力与润湿现象的联合作用,形成了毛细现象(图20)。毛细现

象是指将内径很小的管子(毛细管)插入液体中,管内外液面产生高度差的现象。当液体与构成毛细管的固体材料润湿时,管中液面升高并呈凹状;当液体与毛细管材料不润湿时,管中液面下降并呈凸形。毛细现象在科学技术和日常生活中经常可以见到。含有许多毛细管的"上水石",可作为盆景中的假山,它正是靠水因毛细作用上升的现象,使假山上的植物获得水分。植物所以能够通过根和茎将土壤中的水和养分吸收到自己机体中来,其重要原因也是凭借机体中的毛细管和毛细作用。润滑油通过孔隙进入机器部件中去润滑机器,靠的也是毛细现象。大量多孔性的固体材料,如纸张、纺织品、粉笔等能够吸水,是因为水能润湿这些多孔性物质,从而产生毛细现象。"山云蒸,柱础润","础润而雨",础石是多孔性材料,也正是因空气中所含大量水分,由毛细现象使础石潮湿,从而可以作为空气湿度大,将要下雨的预示。

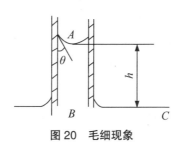

图 20　毛细现象

既然表面张力和润湿与否密切相关,那么有没有办法通过加合适的化合物,使液体的表面张力改变,从而改变液体对固体的润湿性能呢?科学研究表明,确有这样的化合物能在很低浓度时,就可显著降低液体的表面张力和固—液界面的界面张力,以改善润湿性能,使液体更易润湿固体。也有这样的化合物,它能降低液—液界面的界面张力,使一种液体能在另一种与它不相混溶的液体表面上更快、更好地铺展。这样的化合物,通常称为表面活性剂或润湿剂。我国感光材料工业就曾使用过合适的润湿剂,攻克了因润湿性能不好、涂布不够均匀,致使冲洗出的彩色电影胶片发花、发闪的难题。我们相信,如选择采用了合适的表面活性剂,将会提高三次采油的采油效率,并制造出更多更好的工业品与日常生活用品来。

参 考 文 献

[1] 韦应物. 咏露珠 [M] // 全唐诗 (第六册), 193 卷. 北京:中华书局, 1960:1985.

[2] 白居易. 暮江吟 [M] // 全唐诗 (第十三册), 442 卷. 北京:中华书局, 1960:4946.

[3] 王勃. 送杜少府之任蜀川 [M] // 唐诗鉴赏辞典. 上海:上海辞书出版社, 1985:22.

[4] 刘长卿. 饯别王十一南游 [M] // 唐诗鉴赏辞典. 上海:上海辞书出版社, 1985:410.

[5] 陆游. 新津小宴之明日欲游修觉寺以雨不果呈范舍人 [M] // 常用典故辞典. 上海:上海辞书出版社, 1985:357.

[6] 王维. 山中 [M] // 唐诗鉴赏辞典. 上海:上海辞书出版社, 1985:188.

[7] 张旭. 山中留客 [M] // 唐诗鉴赏辞典. 上海:上海辞书出版社, 1985:378.

[8] 辛弃疾. 木兰花慢·席上送张仲固帅兴元 [M] // 常用典故辞典. 上海:上海辞书出版社, 1985:427.

[9] 辞源 [M]. 北京:商务印书馆, 1979:第一册368, 第三册1834.

[10] 汉语成语大词典 [M]. 河南人民出版社, 1985:1480.

[11] 中国大百科全书·力学卷 P. 31, 物理卷 P. 47, 793, 899;化学卷 P. 45, 47, 541, 690, 732, 802, 885 [M]. 北京:中国大百科全书出版社, 1985.

风乍起，吹皱一池春水
——谈流体运动的不稳定性

风乍起，吹皱一池春水。

闲引鸳鸯香径里，

手挼红杏蕊。

斗鸭阑干独倚，

碧玉搔头斜坠。

终日望君君不至，

举头闻鹊喜。

这首受到人们普遍赞赏、传诵而经久不衰的《谒金门》[1]，被评价为历代传下描写闺怨的少数优秀词作之一[2]，作者冯延巳（903—960），字正中，广陵（今江苏扬州）人，是南唐中主李璟的丞相，也是唐、五代存词最多的作家。马令《南唐书·党与传下》有一段涉及此词的记载：

延巳有"风乍起，吹皱一池春水"之句，皆为警策。元宗尝戏延巳曰："吹皱一池春水，干卿何事？"延巳曰："未如陛下'小楼吹彻玉笙寒'。"元宗悦。

元宗即南唐中主李璟，他也是一位才情横溢的著名词人。这段诙谐的对话,说明李璟对此词赞叹之情已溢于言表。

关于李璟与冯延巳君臣这段对话,还有另外的解释。在刘永济的注释中[3]是这样说的:"此事昔人以为南唐君臣以词相戏,不知实乃中主疑冯词首句讥讽其政务措施,纷纭不安,故责问与之何干。冯词首句,无端以风吹池皱引起,本有讽意,因中主已觉,故引中主所作闺情词中佳句,而自称不如,以为掩饰。意谓我亦作闺情词,但不如陛下所作之佳耳。二人之言针锋相对,非戏谑也。试以史称冯作相对,不满于'人主躬亲庶务,宰相备位'之语证之,二人言外所指之意,自然分明。"本文的目的,当然不是去体味这些拐弯抹角的弦外之音,而是想从力学上讨论一下风和水波的问题。

"风乍起,吹皱一池春水"是这首词的头一句,也是全词最精彩的一句。作者用一个"皱"字,将春风吹拂而过,在水面上荡漾起细微波纹,使静景成为动景,把生活中常见的景色写活了。当然冯延巳这里是由景入情,以景寓情,以春水被吹皱,来形容少妇的思绪荡漾。而"风乍起,吹皱一池春水",从力学的角度来看,是一幅流动不稳定的画面。冯延巳正是用流动不稳定性的物理图像,将女主人公不平静的内心世界巧妙地揭示了出来。

易家训1980年在其《Stratified flows》(《分层流动》)一书中,曾用这一名句以及李璟与冯延巳那段精彩的对话,作为"流体动力学稳定性"一章的开头。[4]他的好友、中国科学院外籍院士冯元桢将这句话用毛笔写出,放在这本英文著作第四章的起始,让人看了十分新鲜。(图21)

当风突然吹向平静的池面时,马上就会引起细小的波浪。而风一停止,波浪不久就会消失。但如果风持续地吹送(或足够大),则会产生波长较长的波浪,并向着风的下沿方向传播开去,甚至在风下沿方向不太远的对岸处,就可以看到波长超过20厘米的波浪。即使在赤道附近的海面上,几乎没有风时海面平静如镜,但一旦有风,就必定会产生波浪。风越强,波浪的波长越长,波高也越大,波峰就接二连三地破碎,而变成所谓的白浪

(white cap,亦译为白冠浪)状态。

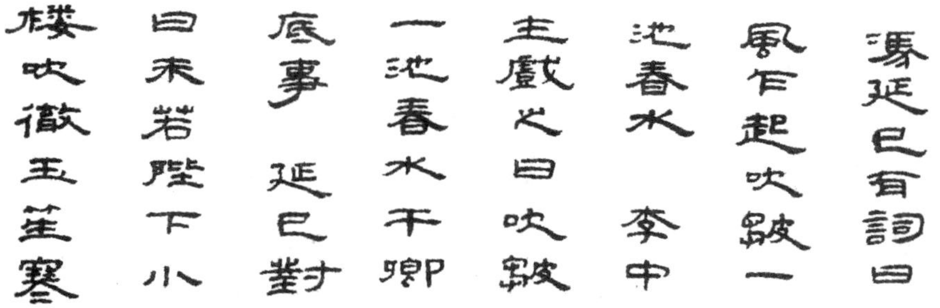

楼底一主池风冯
吹事春戏水起延
彻延水之李吹巳
玉巳干日中皱有
笙对卿吹一词
寒下皱曰
小

Fung Yen-Sze, ·*prime minister for the Middle King of South Tang, was*
the author of the poem which starts with

  The wind suddenly rises, and ruffles the surface
  of the newly melted pond . . .

The king of South Tang, himself an accomplished poet, much appreciated this
line, but, instead of praising it seriously, teased its author: "So the wind ruffles
the water surface. What concern is that of yours?" Flattered by this subtle
compliment, Fung returned it with "Not as good as Your Majesty's `From the
little pavilion wafted songs/that someone blew deep through his jade shēng —
his breath hardly warming the stone he touched."

图 21　冯元桢在英文著作上的题词

　　"风乍起,吹皱一池春水"实际上描述的是风突然吹向平静的池面,引起细小波浪的过程,也就是近代流体力学研究的"风生波"这一流体运动的不稳定性问题,其简化的模型亦称为 Kelvin-Helmholtz 界面不稳定性问题。这种界面不稳定性是讨论两层不同密度的流体作平行于其水平界面的相对运动时的不稳定性问题。海面(或水面)上由于风而引起波浪的问题,正是这种界面不稳定性问题。若用 v_1,v_2 分别表示空气和海水的速度,并设其方向相同;ρ_1,ρ_2 分别表示空气和海水的密度(显然 $\rho_1<\rho_2$),并设流体在各方向上伸至无穷远。当不考虑流体的黏性和界面张力时,由线性稳定性理论可以得知,只要相对速度 v_1-v_2 不等于零,界面都不稳定,即有波浪形成。这就是风一吹,马上就会有波浪形成的解释。若考虑界面张力 σ,则当相对速度为

$$(v_1-v_2)^2>\frac{2(\rho_1+\rho_2)}{\rho_1\rho_2}\sqrt{\sigma g(\rho_2-\rho_1)}$$

时界面不稳定[5]。若用这个模型分析海面上由于风吹引起波浪,则可得当 $v_1 - v_2 > 6.4$ 米/秒时,界面失稳而使细小的波浪开始增长。实际上造成海浪增长的不只是相对速度,还有其他一些原因,所以当风速远小于此值时,波浪也可能开始增长。但观察发现,当风速达到此值时,碎浪和蒸发率都突然增加;且当风速增大达到 8.88 米/秒时,波浪的临界波长可增大到 6 厘米。[6]

用线性稳定性理论来研究"风生波"问题,只是一种初步的近似。实际问题由于因素很多(如辐射、湍流边界层等),还比较复杂。

所谓水波,系指我们附近的水洼、水池、河流中的水所产生的波浪,甚至在湖泊、海洋表面传播的风浪以及使湖泊和海湾内的整个水体产生显著振荡的静振(seiche)、潮汐波等。由于海洋开发和利用的需要,风浪的发生机制问题至今仍是流体力学和海洋科学工作者关心和研究的对象。尽管如此,"风乍起,吹皱一池春水"仍不失为定性描述"风生波"乃至整个流动不稳定性问题的千古绝句。

两圆筒之间充满流体,两筒都旋转。为清晰起见,这里放大了圆筒之间的空隙:它一般是外筒半径的 10% ~ 20%。

由于国内用语的习惯,通常所说的"流动稳定性问题",而实际上是"流动不稳定性问题"。只要翻开国际上著名的几种流体力学杂志,就不难看到,研究各种流动不稳定性问题的文章占有很大的比例。这是因为自然界以及人们生产活动中与许多流动不稳定性问题密切相关。例如热对流(Bénard 流动)的不稳定性问题(图22),两同轴旋转圆筒间的流动(Taylor-Couette 流动)的不稳定性问题(图23、图24),由层流向湍流过渡的不稳定性问题等。有兴

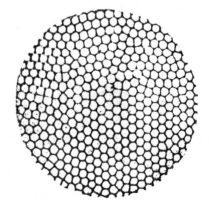

图22 用鲸脑油所作热对流不稳定性实验形成的规则胞状结构

趣进一步了解的读者,可以参阅文献[5]和[7]。

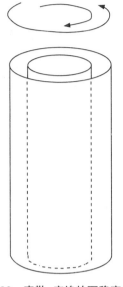

图 23　泰勒-库埃特不稳定
　　　　实验的装置(示意图)

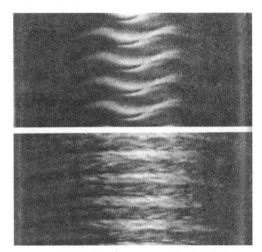

图 24　泰勒-库埃特不稳定实验中的液状涡旋。
　　　　注意下三分之二的错乱,其中波的数目处
　　　　在变化过程之中

参 考 文 献

[1] 唐宋词鉴赏辞典 [M]. 上海:上海辞书出版社,1988:95-97.

[2] 于非. 中国古代文学(上册)[M]. 北京:高等教育出版社,1988:477.

[3] 刘永济. 唐五代两宋词简析 [M]. 上海:上海古籍出版社,1981.

[4] Yih chia-shun(易家训). Stratified flows. Academic Press(London).
1980:219.

[5] 中国大百科全书·力学卷 [M]. 北京:中国大百科全书出版社,
1985:345-347.

[6] 富永政英. 海洋波动——基础理论和观测成果 [M]. 关孟儒,译. 北
京:科学出版社,1984:217-218.

[7] 周恒,王振东. 流动稳定性理论 [M]. 天津:天津大学出版社,
1994:1-43.

野渡无人舟自横
——谈流体运动中物体的稳定性

独怜幽草涧边生,上有黄鹂深树鸣;

春潮带雨晚来急,野渡无人舟自横。

这是一首优美的山水诗名篇,它被选入《唐诗三百首》[1]及《绝句百首》[2]。历代文艺评论家认为它是一首田园隐逸诗[3,4],近来也有人认为它含托讽之意。作者韦应物(约737—约791),长安(今陕西西安)人,在唐德宗建中二年(781年)出任滁州(今安徽滁州市)刺史期间写了上述七绝,篇名《滁州西涧》。

当您反复吟诵这美丽的诗句时,如画的意境就重现在您的眼前,真是美不胜收。可是,您可曾想到在这洗练的诗句中还凝聚着诗人对力学现象的洞察力!

"春潮带雨晚来急,野渡无人舟自横",意思是郊野渡口拴着的一条无人驾驭的小船,在晚潮加之春雨形成的小河湍急的流动中,横在河里,随波荡漾。这里形象又真实地描绘了在河中荡漾的小船,因要处于一个稳定的平衡位置,它总要横在河里。

200年后,担任过宋代宰相的寇准(961—1023)在19岁(980年)进士及第,初知巴东县(今湖北巴东县西北)时,登高楼眺望也作了一首五言律诗

《春日登楼怀归》。

图 25　野渡无人舟自横

　　高楼聊引望，杳杳一川平。野水无人渡，孤舟尽日横。
　　荒村生断霭，古寺语流莺。旧业遥清渭，沉思忽自惊。

　　诗的前三联写春日登楼见闻，尾联由见闻而怀归。清人何文焕曾评论"野水无人渡，孤舟尽日横"此联，说寇准登楼看见相仿景色时，很自然地受到《滁州西涧》诗的触发，便随手点化了韦句，而意境却比韦来得更加丰厚。

　　在上海辞书出版社出版的《唐宋词鉴赏辞典》中还收入了另一位宋代词人廖世美的词《烛影摇红·题安陆浮云楼》，其后半片写道：

　　催促年光，旧来流水知何处？断肠何必更残阳，
　　极目伤平楚。晚霁波声带雨。悄无人、舟横野渡。
　　数峰江上，芳草天涯，参差烟树。

　　"晚霁波声带雨。悄无人、舟横野渡。"确也写出了与韦应物同样观察

到的自然现象。

另外，很有趣的是我国古代四大名著之一、明代罗贯中所著《三国演义》的第四十九回"七星坛诸葛祭风，三江口周瑜纵火"，对这一现象也有一段颇精彩的描述（天津百花文艺出版社，1994年版）：

（孔明"借"得东风后，即乘赵子龙前来接应的船返夏口。周瑜急唤帐前护军校尉丁奉、徐盛二将各带100人，分水陆两路追杀孔明。）

徐盛教拽起满帆，抢风而驶。遥望前船不远，徐盛在船头高声大叫："军师休去！都督有请。"只见孔明立于船尾大笑曰："上复都督：好好用兵，诸葛亮暂回夏口，异日再容相见。"徐盛曰："请暂少住，有紧话说。"孔明曰："吾已料定都督不能容我，必来加害，预先叫赵子龙来相接。将军不必追赶。"徐盛见前船无篷，只顾赶去。看看至近，赵云拈弓搭箭，立于船尾大叫曰："吾乃常山赵子龙也！奉令特来接军师。你如何来追赶？本待一箭射死你来，显得两家失了和气。教你知我手段！"言讫，箭到处，射断徐盛船上篷索。那篷坠落下水，其船便横。赵云却教自己船上拽起满帆，乘顺风而去，其船如飞，追之不及。

箭到处，那篷坠落下水，其船便横。这段话明确指出了，在湍急的河流中，帆落下、失去风力推动而不能行驶的船，只好横在河中这一自然现象。

为什么小船总是横在河里呢？这里有一个流体力学问题。一般物体在静力作用下的平衡问题，是一个古老的概念。直立在桌子上的细杆，是处于不稳定的平衡位置，而悬挂的直杆平衡是稳定的。前者，受一扰动后，重力形成的力矩倾向于远离平衡位置；而后者倾向于恢复平衡位置。由于流体运动时对物体产生的合力和合力矩是比较复杂的，故要得到运动流体中物体平衡稳定性的精确分析，需要艰苦细致的工作积累；经过许多力学家的努力，直到19世纪末、20世纪初才成熟。所以唐代诗人韦应物对船体稳定性问题的观察，比起西方精确描述的出现要早1100多年。

现在，我们用近代流体力学来精确分析韦应物等人所观察到的现象。令小河中流体以匀速v流动，小船可看做一个细长椭圆柱。在这个理想不

图 26　四川成都浣花溪的"野渡舟横"景

可压缩流体绕椭圆柱体的二维流动中,令椭圆的长轴与流动方向呈α夹角,用平面流动的复变函数分析[6]可计算出椭圆上所受的合力为零;合力矩的大小与来流同长轴的夹角有关，即为：

$$M=\frac{1}{2}\pi\rho(a^2-b^2)v^2\sin2\alpha$$

式中ρ为流体密度，a、b为椭圆的长短半轴。

当$\alpha=0$和$\frac{\pi}{2}$时，$M=0$，即小船顺向或横向来流时，均为平衡位置，但这两个位置的稳定性却是大不相同的。

对于$\alpha=0$(图27)，当来流或船体受一扰动，使椭圆与来流的夹角产生任一扰动小偏角$\delta\alpha$，则得到力矩为

$$\delta M|_{\alpha=0}=[\pi\rho(a^2-b^2)v^2\cos\alpha\delta\alpha]|_{\alpha=0}$$

$$=\pi v^2\rho(a^2-b^2)\delta\alpha$$

δM的符号永远与$\delta\alpha$相同，即力矩会使得偏角增大。可见这个平衡位置不稳定。

对于$\alpha=\frac{\pi}{2}$情形(图28)，若椭圆与来流的夹角产生任一扰动小偏角$\delta\alpha$，则在椭圆上的作用力矩为

$$\delta M|_{\alpha=\pi/2}=[\pi\rho(a^2-b^2)v^2\cos\alpha\delta\alpha]|_{\alpha=\pi/2}$$

$$=-\pi v^2\rho(a^2-b^2)\delta\alpha$$

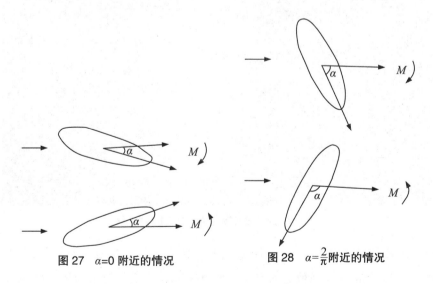

图27 $\alpha=0$附近的情况

图28 $\alpha=\frac{2}{\pi}$附近的情况

δM的符号永远与$\delta\alpha$相反，即力矩会使得偏角减小。所以这个平衡位置是稳定的。

以上的分析是对理想不可压缩流体二维流动进行的,而实际情况既是黏性流体,又是三维问题,尾部还有涡旋区。为检验此分析是否正确,我们在天津大学流体力学实验室回流式水槽中进行了实验。水槽的实验段长6.2米,宽0.25米,高0.35米。实验模型为一椭圆柱体小木船,长轴10厘米,短轴5厘米,高2.5厘米,因木质较重,吃水较深。实验中水流速度采用LDV测速,流动显示采用氢气泡法显示,实验过程用摄像机进行记录。氢气泡丝位于模型中心轴线前6厘米处,且垂直于水流方向。光源位于模型所在实验段前下方。CCD放在模型的正上方。水流速度在0.3米/秒到0.6米/秒范围内变化。

在椭圆柱模型上下两面的中心点分别固定长1厘米的细轴,并分别套入一个圆环,圆环与轴之间可自由转动。圆环与水槽两侧壁面间,分别用与模型上下面平行的柔软细线相连,以防模型被水冲走。

开启水泵使水流动,可见到模型横于水中,即椭圆的长轴与水流方向垂直。用外力改变模型长轴与水流方向的夹角,然后撤去外力,模型又很快重新横于水中。这说明横于水中是稳定的平衡位置。施加外力使模型长轴与水流方向平行,撤去外力后,模型在此位置有短暂平衡,稍后即又横于水中。这说明长轴与水流方向平行是不稳定的平衡位置。改变水流的速度,重复以上实验,对结果没有影响。

实验证实了前面的计算分析结果,也说明虽然椭圆柱后面有涡旋区,黏性流体三维运动的流场也相当复杂,但以理想不可压缩流体二维流动的简化模型,来研究流体运动中物体的稳定性这一问题,确实抓住了问题的本质。椭圆柱的稳定平衡位置确实为其长轴与来流相垂直的情况。

以上关于小船平衡稳定性的分析,对于航行中的小船也是适用的。若小船的航速为v,顺着v向前的平衡也是不稳定的,为保持其航向,舵手需要不断地调整操纵。这就是为什么一个划船的生手,总是难以使小船笔直航行的道理。在初学划船时,船往往总是在水里打转转。而拴于郊野的无人渡船,在湍急的来流中,总欲自横,处于 $\alpha=\pi/2$ 的稳定位置,或在 $\alpha=\pi/2$ 位置附近摆动。

当然,以上的分析仍还是粗糙的。要真正考虑航行中小船的稳定性,还需要考虑小船的惯性。而这些内容就是近代导向船舰、飞行器在航行中运动稳定性的深入的学问了。它是近代航海航空航天技术的理论基础之一。

诗人入细入微的观察和高度概括能力,仅仅用了七个字便将一类极为重要的自然现象活脱脱地勾画了出来。它不仅使我们获得了美的享受,而且还从中体味出自然规律。而这却早在距今 1200 多年以前就有了。

参 考 文 献

［1］蘅塘退士. 梦花馆主注释［M］// 唐诗三百首. 上海:上海广益书局,1941:214.

［2］吕叔湘. 英译唐人绝句百首［M］. 长沙:湖南人民出版社,1980:37,113.

［3］沈德潜. 唐诗别裁集［M］. 北京:中华书局,1971:45,267.

［4］杨群. 春潮带雨晚来急［N］. 人民日报,1980-10-16(8).

［5］唐诗鉴赏辞典［M］. 上海:上海辞书出版社,1983:693-694,1404.

［6］Milne-Thomson, L. M., Theoretical Hydrodynamics, Macmillan. 1960:164-171.

踪迹随风叶，程途犯斗槎
——漫谈流动显示及应用

月冷吟蛩草，湖平宿鹭沙。

客愁无锦字，乡信有灯花。

踪迹随风叶，程途犯斗槎。

君看枝上鹊，薄暮亦还家。

这首篇名《道中》的五言律诗[1]为宋代诗人范成大（1126—1193）所作，系收在张元济（1867—1959）所辑影印的《四部丛刊》[2]之中，因未曾为周汝昌选注的《范成大诗选》[3]及各种宋诗选收入，所以鲜为人知。程途是指旅程途中，槎（chá）亦作查、楂，系水中木筏意，犯斗槎是指远行所乘的船只。[4] "踪迹随风叶，程途犯斗槎"，诗人由景入情，以景寓情，用风叶和船只所显示的流体运动来形象、生动地比喻和描述远行在外人的行迹和旅途。

在诗句中用流动显示的景物来抒情言志的事，可以追溯到汉高祖刘邦（前247—前195）。《史记·高祖本纪》："高祖（刘邦）还归，过沛、留。置酒沛宫，悉召故人父老子弟纵酒，发沛中儿得百二十人，教之歌。酒酣，高祖击筑，自为歌诗曰：

大风起兮云飞扬，

威加海内兮归故乡，

安得猛士兮守四方！

令儿皆和习之。高祖乃起舞，慷慨伤怀，泣数行下。"[4]刘邦是以"云飞扬"流动显示大气波浪的物理图像，来抒发衣锦还乡、荣归故里的壮志豪情。这便是历史上有名的一则典故——"大风歌"或"大风诗"。之后直至现代，不少人皆仿此"歌大风、唱大风"表示慷慨悲歌、治国安邦的豪情壮怀。如：

唐太宗李世民（599—649）《幸武功庆善宫》诗

共乐还乡宴，欢比大风诗。

董必武（1885—1975）《感时杂咏》诗

欲守四方歌大风，飞鸟未尽先藏弓。

朱德（1886—1976）《赠友人》诗

北华收复赖群雄，猛士如云唱大风。

陈毅（1901—1972）《莱芜大捷》诗

鲁中霁雪明飞帜，渤海洪波唱大风。

图29 云显示的台风

现在以云来显示大气的流动,已很常见。如在每天中央电视台的气象预报节目中,人们能看到由云显示千姿百态流动图案,显示出大气中所发生的动力过程。图29是卫星拍摄到的云显示的台风图片。

古代诗人还常以杨絮、柳絮以及虫类拉的丝(亦名游丝、晴丝),所显示的空气的流动情况(风、对流或布朗运动),来抒发情思,如:

韩愈(768—824)《晚雪》诗

　　杨花榆荚无才思,唯解漫天作雪飞。

以及《次同冠峡》诗

　　落英千尺堕,游丝百丈飘。

范成大《碧瓦》诗

　　无风杨柳漫天絮,不雨棠梨满地花。

以及《初夏二首》诗

　　晴丝千尺挽韶光,百舌无声燕子忙。

韶光是美好的时光,这里指春天。诗人想象春末夏初的游丝是在恋惜时光,想把春天挽留住。

流动显示是在力求不改变流体运动性质的前提下,用图像显示流体运动的方法,其任务是使流体不可见的流动特征,成为可见的。俗话说"百闻不如一见",人们通过流动显示看到了流场的特征,从而可进一步研究探索和应用流体运动的规律。

西方许多人认为,意大利文艺复兴时期的艺术家和科学家达·芬奇(Da.Vinci,1452—1519),是第一个运用流动显示的方法,来叙述涡旋构图的人。[5]但要比起运用流动显示的图像,来描述峡江水流涡旋的运动特征(见本书"峡江漱石水多漩"[6]),和抒情言志的我国古代诗人,他却要落后好些个世纪了。

首先应用流动显示方法,对现代流体力学发展做出重要贡献的,当推英国科学家雷诺(O.Reynolds, 1842—1912)。他在 1883 年,将苯胺染液注入长的水平管道水流中做示踪剂,于是可以看出管中水的流动状态。当流速小时,苯胺染液形成一根纤细的直线与管轴平行,表示流动是稳定的和有规则的流动(称为层流);当流速慢慢地增加,达到某一数值时,流动形式突然发生变化,那根细线受到激烈的扰动,苯胺染液迅速地散布于整个管内,表示流动已成为湍流。这一试验明确提出了两种不同的流动状态及其转捩的概念,还提出了后来被称为"雷诺数"的这一十分重要的无量纲参数。至今湍流研究的历史,一般都从 1883 年雷诺这个经典的流动实验(图 30)算起。

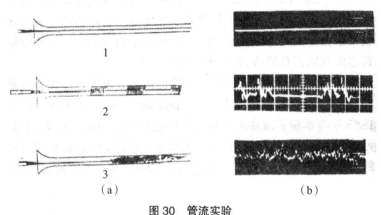

图 30　管流实验

（a）流动观察示意图：1.层流　2.转捩　3.湍流

（b）热线输出信号在示波器上显示的曲线

德国科学家普朗特(L.Prandtl, 1875—1953)1904 年用在水中撒放粒子的方法,获得了水沿薄平板运动的画面。由于画面上粒子留下的轨迹正比于流动的速度,在靠近壁面有一薄层,其中速度比离壁面较远处的速度明显较小,且有大的速度梯度。正是对这一流动显出画面的观察,使他提出了边界层的概念,指出在远离壁面处,可不计黏性,能应用理想流体力学的研究结果;而在物体表面附近的薄层中,由于有很大的速度梯度,从而产生很大的剪切力,故不能忽略黏性。这一基于流动显示的新观点,使得可利用边界层很薄的特点,使问题的数学处理大为简化,至今它仍是黏性流体力学最重要的基础理论之一。

20世纪50年代,有人提出用很细的金属丝放在水中作为阴极,通电后在该细丝上形成的氢气泡随水流走,而成为显示流场的示踪粒子。克来因(Kline)等1967年首先用氢气泡显示技术,发现了近壁湍流的相干结构(Coherent Structure,也有人译为拟序结构)。这是一种大尺度的涡旋运动,它在将平均运动动能转变为湍流动能的过程中,作了大部分贡献。后来经许多人重复,并用热线热膜测速、激光测速以及数据采集、图像处理技术等使实验越做越精确。不但对壁湍流,而且对自由剪切湍流也发现了相干结构,这一结构到20世纪80年代,已为国际流体力学界公认,并认为这是对湍流生成、维持、演化起主要作用的结构。这一由流动显示所发现的相干结构,被认为是对湍流认识上的一次革命。目前关于湍流相干结构及其控制的研究,已成为湍流研究的热点课题。图

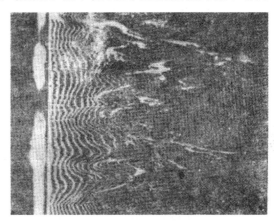

图31　边界层中的快斑和慢斑的氢气泡显示

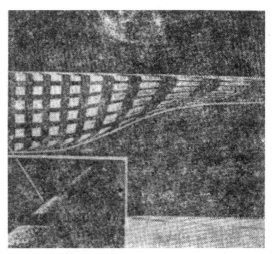

图32　时间–脉线组合记下的氢气泡显示收缩段流动图谱

31、图32是氢气泡显示图。

由上可见,流动显示是了解流体运动特性,并深入探索其物理机制的一种直观、有效的手段。它能发现新的流动现象,如层流和湍流两种流动状态及其转捩、涡旋、分离、激波、边界层、壁湍流相干结构等;也能为流体力学计算提供可靠的流动条件,如边界层转捩点、激波位置、涡核位置、尾迹宽度等。据了解,流动显示技术已在许多实际问题的研究中,发挥了很大的作用,如三角翼和双三角翼的前缘主涡、二次涡和尾涡的形成和发展,钝物体尾迹的涡旋结构,以及多体干扰等。

上面提到的一些例子,主要只涉及流动显示方法的一种,即示踪法的应用。示踪法是在流体中加入某些示踪物质,通过对加入物质的踪迹观察得到流体运动的图像。由于所加示踪物质的不同[8],又可分为用途不一的烟迹(含烟丝)法(图33～35)、染色线法(图36)、空气泡和氢气泡法、氦气泡法、激光—荧光法(图37)、蒸汽屏法等。当然,在流体中加入了示踪粒子,就又存在粒子的跟随性问题,对此问题,舒玮教授曾有很好的论述。[9,10]

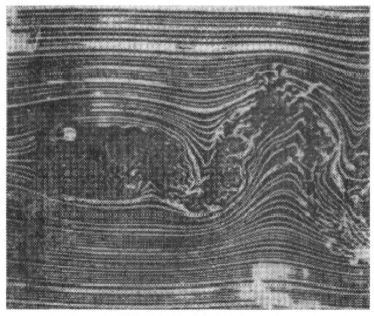

图33　圆柱绕流中的烟丝显示图谱(Re=5000)

图34 前缘烟丝法显示的三角翼前缘
涡核及其破裂形态

（a）

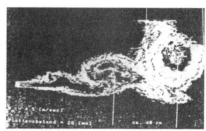

（b）

图35 混合层大涡结构的烟丝法流场显示

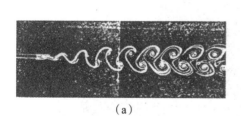

（a）

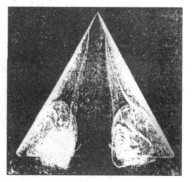

（b）

图36 染色线法流场显示
（a）卡门涡街，（b）三角翼

图37 水射流中萤光法显示的相干结构

　　除示踪法外,流动显示的方法还有光学方法和表面涂料显迹法。光学方法又分阴影法、纹影法和干涉法。前两者利用了光通过非均匀流场不同部位时的折射效应,后者通过扰动光和未扰动光的相互干涉得到干涉条纹图,从而进一步可得到流动参数的定量结果。表面涂料显迹法是在物面上涂以薄层物质,当其与流动相互作用时,则产生一定的可见图像,从而可定性或定量地推断物面附近的流动特性。按所涂物质的不同,还可分为油流(荧光油流)(图38)、丝线(荧光微丝)、染料、升华、相变涂层、液晶(图39)、感温漆等方法。感兴趣的读者可以从参考文献[8]和[11]找到有关资料。

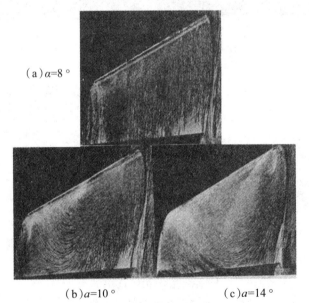

(a)α=8°

(b)a=10°　　　　　　　　(c)a=14°

图38 梯形后掠翼的表面油流图和翼尖分离状态

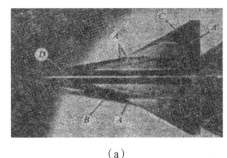 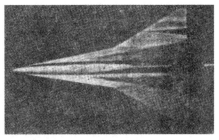

$$(a) \qquad\qquad (b)$$

图39 翼身组合体绕流流动显示结果

（a）液晶法显示 （b）升华法显示

流动显示技术目前发展相当快，特别是与计算机图像处理技术相结合，使传统的流动显示方法得到很大的改进，可对显示结果进行深度的加工分析，以获得更清晰的流动图像以及有关流动参数的分布（图40、图41）。

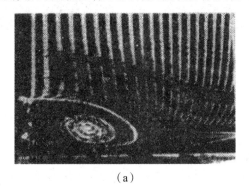

$$(a)$$

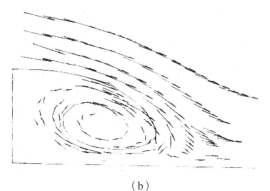

$$(b)$$

图40 后向台阶绕流的氢气泡显示及数据处理

（a）后向台阶氢气泡显示图谱 （b）数字图像处理所得速度分布

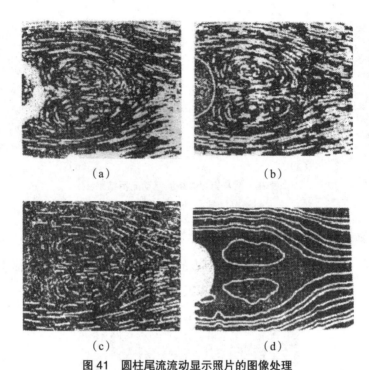

图41　圆柱尾流流动显示照片的图像处理
(a)原始照片　(b)图像增强　(c)二值化处理　(d)流函数分布

　　多种流动显示方法的联合使用,也可得到更丰富的流动信息。随着光学技术和计算机技术的发展,激光全息术、光学层析术、散斑、粒子成像测速(PIV-Particale Image Velocimetry)、激光诱导荧光(LIF-Laser Induce Fluorescent)等方法也已出现并在发展完善之中,为实现瞬时、高分辨率和定量化的空间流动显示展现了美好的前景。

参 考 文 献

[1]范成大.道中[M]//石湖居士诗集,第一卷.四部丛刊.集部.北京：商务印书馆.

[2]辞海,中册[M].上海：上海辞书出版社,1979：1741,2486.

[3]周汝昌.范成大诗选[M].北京：人民文学出版社,1984：13-14,36.

[4]常用典故词典[M].上海：上海辞书出版社,1985：17-18,412-415.

［5］Wenjei Yang. Handbook of Flow Visualization. Hemisphere Publishing Corporation，1990.

［6］见本书：峡江漱石水多漩——漫谈流体中的旋涡.

［7］周光垌. 实验流体力学发展简史［M］// 实验流体力学. 北京：高等教育出版社，1992：1-8.

［8］范洁川. 流动显示技术的若干现状与发展［J］. 气动实验与测量控制，1995，9（1）：10-17.

［9］舒玮. 湍流中散射粒子的跟随性［J］. 天津大学学报，1979（1）：75-83.

［10］舒玮. 激光测速中散射粒子的选择［J］. 气动实验测控技术，1980（2）：32-39.

［11］崔尔杰，洪金森. 流动显示技术及其在流体力学研究中的应用［J］. 空气动力学学报，1991，9（2）：190-199.

［12］戴昌辉. 流体流动测量［M］. 北京：航空工业出版社，1992.

［13］颜大椿. 实验流体力学［M］. 北京：高等教育出版社，1992.

［14］是勋刚. 湍流［M］. 天津：天津大学出版社，1994.

飞湍瀑流争喧豗
——漫谈流体运动致声

连峰去天不盈尺,枯松倒挂倚绝壁。

飞湍瀑流争喧豗,砯崖转石万壑雷。

这是唐代诗人李白(701—762)的名作《蜀道难》[1]片断。《蜀道难》相传是唐玄宗天宝初年,李白第一次到长安时,袭用乐府古体,对秦蜀道路上奇丽惊险的山川所作的生动描绘。这段七言古诗片断,被认为是对古时蜀道的之难描写达到登峰造极地步的四句。诗人先托出山势的高险,用"连峰去天不盈尺"夸饰山峰之高,"枯松倒挂倚绝壁"衬托绝壁之险。然后用"飞湍(tuān)瀑(pù)流争喧豗(huī,喧豗指轰响声),砯(pēng,撞击义)崖转石万壑雷"写出飞下湍急的瀑布争竞作响、水石激荡、山谷轰鸣的惊险场景。这像是一连串的电影镜头:先是山峦起伏、连峰接天的远景画面;接着是平缓地推出枯松倒挂绝壁的特写;而后是一组快镜头,飞湍、瀑流、悬崖、转石,配合着万壑雷鸣的音响飞快地从眼前闪过,惊险万状,目不暇接,从而造成一种势若排山倒海的强烈艺术效果,使古蜀道之难的描写达到了让人惊心动魄、望而生畏的地步。诗人的这组快镜头正是用飞流惊湍、悬崖落瀑造成的万壑雷鸣的流体运动景象,来达到其浪漫主义的艺术描写的。

实际上,不少古代诗人都有涉及流体运动致声的诗句,如:

高适(约702—765)《金城北楼》[2]:

> 湍上急流声若箭,城头残月势如弓。

岑参(约715—770)《走马川行奉送封大夫出师西征》[3]:

> 轮台九月风夜吼,一川碎石大如斗,随风满地石乱走。

刘禹锡(772—842)《浪淘沙·八月涛声》[4]:

> 八月涛声吼地来,头高数丈触山回。

苏轼(1036—1101)《百步洪二首》[5]:

> 四山眩转风掠耳,但见流沫生千涡。

唐肃(1328—1371)《峡口晚泊》[6]:

> 渐闻湍响急,渡峡是归州。

高启(1136—1374)《登金陵雨花台望大江》[7]:

> 石头城下涛声怒,武骑千群谁敢渡?

唐代诗人韦应物(约737—约791)与众不同,擅于思理,写有两首涉及思考流体运动为什么会引起巨大声响问题的五言古诗,其一是《听嘉陵江水声,寄深上人》[8]:

> 凿崖泄奔湍,古称神禹迹。
>
> 夜喧山门店,独宿不安席。
>
> 水性自云静,石中本无声。
>
> 如何两相激,雷转空山惊。
>
> 贻之道门归,了此物我情。

其二是《赠卢嵩》[9]：

百川注东海，东流无虚盈。

泥滓不能浊，澄波非益清。

恬然自安流，日照万里晴。

云物不隐象，三山共分明。

奈何疾风怒，忽若砥柱倾。

海水虽无心，洪涛亦相惊。

怒号在倏忽，谁识变化情？

韦应物这两首诗，不仅对流体运动致声作了形象的描述，而且还对流体运动为什么会致声，深入提出了疑问和思考："水性自云静，石中本无声。如何两相激，雷转空山惊。""海水虽无心，洪涛亦相惊。怒号在倏（shū）忽，谁识变化情？"云静的水和本无声的石为什么相激就会发出声响？海水为什么突然会发出怒吼？这使诗人不得其解，才喊出了："谁识变化情？"

对韦应物后一首诗提出的疑问，其前一半是疾风为什么会引起海水的波涛？这是风生波的流动不稳定性问题，本书另有一文[10]已进行讨论，这里不再多述。后一半是波涛为什么会发出声响？这与韦应物前一首诗提出的水石相激为什么会发生声响，同属于流体运动为什么会发出声响的问题。

什么是声音？现在我们用"声音"一词有两重意思：客观的声波（或声振动）和人主观的声感觉（也叫响声）。声波是任何弹性媒质（液体、气体、固体）中传播的扰动（压力、应力、质点速度、质点位移等的变化，或其中几种量的同时变化）[11]。弹性媒质的质点发生振动，以波的形式向四面八方传播开来，就在人的听觉器官上引起了声响的感觉。人可以听到的声波的频率范围为 20 ~ 20 000Hz（每秒振动 1 次为 1 赫兹，Hz 是赫兹的符号）。20Hz 以下的声波称为次声，20 000Hz 以上的声波称为超声。在不同的媒质中，声波的传播速度不同，在 20℃和标准大气压下，声波在空气中的速度是 344 米/秒，在水中的传播速度是 1 450 米/秒，在钢铁中的传播速度约为 5 000

米/秒。

声音是由物体运动产生的,然后通过辐射传播传到人耳引起听觉。水、空气、岩石都是弹性媒质,它们之间相撞(包括水与水,气与气相撞)自然要发生振动,并以波的形式向四面八方辐射传播,凡在 20 ~ 20 000Hz 范围内的声波,人都可以听到。

某些形式弹性媒质相撞所辐射的总声功率,已可以从实验和理论计算得到。比如:[12]

亚声速的气流从收缩口喷出(称为喷注),所辐射的总声功率为

$$W = K \frac{\rho^2 v_J^8 D^2}{\rho_0 c_0^5}$$

式中 ρ_0, c_0 是周围大气的密度和声速;D 是喷口直径;ρ, v_J 分别是喷注的密度和速度;K 是常数,近似等于 $(0.3 \sim 1.8) \times 10^{-4}$。

超声速喷注所辐射的总声功率为

$$W = \rho_0 D^2 v_J^3$$

气流遇到圆柱形障碍物时,在其后产生卡门涡所辐射的总声功率为

$$W = \sqrt{\frac{\pi}{2} \frac{\pi}{24} \rho_0 S_r^2 \beta^2 l \Delta \frac{v^3}{c_0^3}}$$

其中 S_r 是斯特劳哈尔数(近似等于 0.2),l 是圆柱长度,β 是圆柱的升力系数与圆柱直径的比值(约为 0.5~2),Δ 是气动力沿圆柱向上的相关距离(约为圆柱直径的 3~4 倍),v 是迎面气流速度。这就是通常说的卡门涡旋声,风吹电线时所发出的声响即是此声。

人们听到的流体运动所产生的声响,往往是多种声波的组合,声波还有反射、折射、衍射,当区域的边界条件(如山谷等)使某几种声波互相激励、发生共振时,就会产生轰鸣的感觉。李白《蜀道难》诗中所写飞流惊湍、悬崖落瀑造成的万壑雷鸣的音响,也正是多种声波相互激励、产生共振的结果。

我国古代不仅乐律、乐器等发展很早,对声学的理解也是先人一筹。[11]东汉王充(27—约97)在《论衡》中已将声与水波类比,对声音的波动性质有了正确的看法。北宋张载(1020—1077)更明确地认为"声者,形气相轧而

成"，这包括气体相互作用的雷电、固体间撞击、固体高速穿过气体、高速气体喷注及其与固体相遇时产生声音的过程，几乎与今日的理解相同。张载还认为"声成文谓之音"（音指好听的声，现称为律音），"音和乃成乐"（音乐），"响之附声，如影之著形"（响是声的作用，即人的声觉），"群呼烦扰"为噪（即噪声）。可见那时用字已相当讲究。

声音（包括流体运动所致声）对人的影响作用是双重性的。悠扬悦耳的乐曲能使人心旷神怡，消除疲劳，亦是促进健康的环境因素。前述瀑流的声响有时也被当作为旅游资源开发，如天津蓟县的盘山以"水胜、石胜、松胜"闻名，其中水胜即由刻于清同治十一年（1872年）的景点"响涧"而来。这里瀑布奔泻和水击岩石的声响声势虽很大，但却叫人心旷神怡，从而使游人赞叹不已。

另一方面，杂乱烦人的噪声使人烦躁不安，威胁着人们的身心健康。噪声是不同频率、不同强度、无规律而杂乱组合在一起的声音。噪声的波形是无规则、非周期的曲线。由构件碰撞或摩擦等所辐射的噪声称为机械噪声；由流体运动或物体相对于流体运动所辐射的噪声，称为气流噪声或水动力噪声。[12]人若长时间留在噪声的环境中，大脑处于兴奋状态不能抑制，会使神经系统失去平衡，引起失眠、疲劳、头昏、思维能力和记忆力衰退等症状，甚是会损伤人的听力。国家规定城市区域环境噪声的标准为：白天45～70dB，夜间35～55dB（分贝是声功率的单位，以dB表示，0分贝为1皮瓦即10～12瓦）。现在许多地方的噪声已经超出此标准，被称为噪声污染，是一种公害。

噪声在个别时候也可利用，如人们从自然噪声中可获取生活上必需的信息：风啸和雷声可预报风雨。人们也在制造噪声弹，其爆炸产生的噪声波可造成水中鱼儿短时间昏迷，以便人们捕捉。

声呐技术是在水中以声音导航与测距的技术，它能辨认是什么船只发出的螺旋桨声音以及声音的方向。而潜艇发出的噪声是潜艇的特征之一，所以各国海军均将其潜艇的噪声资料作为绝密资料保存起来。图42可见船舶噪声的传播途径。

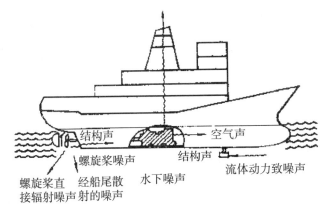

图 42　船舶噪声传播途径示意图

气流噪声或水动力噪声是重要的噪声污染源。从喷气机和火箭,锅炉排气放空,汽车和其他热机的进、排气,气动工具,通风系统,到管道和阀门的排气漏气等都有噪声问题。有效地降低流体噪声是减少噪声污染的重要方面。科学工作者在分别研究各种流体噪声的规律和特征的基础上,设计有针对性的消声装置和降噪方法,以降低各种流体噪声。

参 考 文 献

[1] 李白. 蜀道难 [M]//唐诗三百首 (蘅塘退士编). 上海：广益书局，1941：90-914.

[2] 高适. 金城北楼 [M]//全唐诗 (第六册，214 卷). 北京：中华书局，1960：2223-2224.

[3] 岑参. 走马川行奉送封大夫出师西征 [M]//唐诗三百首 (蘅塘退士编). 上海：广益书局，1941：44-45.

[4] 刘禹锡. 浪淘沙·八月涛声 [M]//西湖诗词. 上海：上海古籍出版社，1982：181.

[5] 苏轼. 百步洪二首 [M]//山水诗歌鉴赏辞典. 北京：中国旅游出

版社，1989：423.

［6］庸肃. 峡口晚泊［M］// 山水诗歌鉴赏辞典. 北京：中国旅游出版社，1989：573.

［7］高启. 登金陵雨花台望大江［M］// 山水诗歌鉴赏辞典. 北京：中国旅游出版社，1989：574.

［8］韦应物. 听嘉陵江水声寄深上人［M］// 全唐诗（第六册，187 卷）. 北京：中华书局，1960：1902.

［9］韦应物. 赠卢嵩［M］// 全唐诗（第六册，187 卷）. 北京：中华书局，1960：1903-1904.

［10］见本书：风乍起，吹皱一池春水——谈流体运动的不稳定性.

［11］马大猷. 环境声学［M］. 北京：科学出版社，1992：1，6-7.

［12］中国大百科全书·环境科学卷［M］. 北京：中国大百科全书出版社，1983：283-284，450.

夜半钟声到客船
——谈声音和波的传播

月落乌啼霜满天,江枫渔火对愁眠。

姑苏城外寒山寺,夜半钟声到客船。

这是唐朝人张继写的诗《枫桥夜泊》。张继是天宝十二年(753年)的进士,他作的诗传世的不多,在诗坛上也不算第一流的大家,但他的这首诗却入选在历朝历代的唐诗选中,成为脍炙人口的绝唱。

对于这首诗,历史上有不少人评论,都认为很美。宋代欧阳修在他的《诗话》中却提出了一个问题,他说:"唐人有人云:夜半钟声到客船,说者亦云句则佳矣,其如三更不是打钟时。"欧阳修肯定了诗句之佳,然而三更是否打钟时,颇引起后人的一番议论。南宋初的王观国在《学林》中写道:"世疑半夜非钟声时,观国案,《南史》文学传丘仲孚,吴兴乌程人,少好学,读书常以中霄钟鸣为限。然则半夜钟固有之矣。"后来南宋叶梦得在他的《石林诗话》中说:"欧公尝病其半夜非打钟时,盖未尝至吴中。今吴中寺,实夜半打钟。"他们说明早在唐以前的南朝,晚在唐以后的南宋,苏州一带都有半夜打钟的习俗。欧阳修的指责,不过是少见多怪而已。

与此同时,人们还找出在唐诗中谈到半夜钟声的诗,张继而外,还大有人在。如比张继早的张说就在《山夜闻钟》诗中有:"夜卧闻夜钟,夜静山更

073

响。"在于鹄的《送宫人入道归山》诗中有："定知别后宫中伴,应听缑山半夜钟。"白居易有："新秋松影下,半夜钟声后。"温庭筠有："悠然旅思频回首,无复松山半夜钟。"陈羽有："隔水悠扬午夜钟。"

读着这许多诗句,我们可以想象,那悠扬的夜半钟声,可以从山上传到客船,可以隔河传到彼岸。更进一层,在皇甫冉的诗句里有："秋水临水月,夜半隔山钟。"这使我们可以想象那悠扬的钟声甚至可以隔着一座山传过来。

唐诗中不仅有这么多的诗写到半夜钟、夜半钟、午夜钟,还有写到夜间的笛声、琴声。如于鹄有："更深何处人吹笛,疑是孤吟寒水中。"白居易有："江上何人夜吹笛?声声似忆故园春。"白居易还有一首著名的长诗《琵琶行》诗句开头几句用"秋瑟瑟"、"江浸月"交代了秋天和月夜的背景,然后说:"忽闻水上琵琶声",再就是"寻声暗问弹者谁",说明白居易同那位弹琵琶的人还是隔着一段距离的,所以需要"寻声暗问",最后才得以"千呼万唤始出来,犹抱琵琶半遮面",才有"同是天涯沦落人,相逢何必曾相识"的一段故事。在唐诗中很少有人写白昼、正午的钟声、笛声、琴声。这绝不是单纯为了追求优美的词句而"递相沿袭"。宋代人说"恐必有说耳",意思是说:这么多人写半夜钟声,怕自有它的道理。从张继的"枫桥夜泊"到现在已有1200多年了,在这段漫长岁月中,科学的发展证实张继等人的写法非常符合科学道理。在这许多诗句中,概括了一个科学事实:夜间的声音传得远。

夜间声音为什么会传得远呢? 一种说法是:夜深人静了,背景噪音小了,人更易于分辨远处传来的声音。这当然是一个因素,但它不是最主要的原因,这得从声音是怎样地传播说起。

首先,声音是声源的振动扰动了空气,扰动以波的形式往外传。设想声源是地面上空的一个点,空气中的波是以它的密度不同往外传递,如果空气中各点的声速是相同的,由这个点传出的声波的波前是一个球面,声音传播的方向认为是和波前垂直的方向即半径的方向。现在设声音在大气中不同高度传播速度不同,这时波前就不再保持球面,而发生畸变;相应的,声音传播方向也不再是球半径的方向,而是拐了弯,这种声音传播道路拐弯的现象,也称为声折射现象。白天同夜间,声音传播远近不同,就是由这个折射现象产生的。

其次,在地面附近空气中,声速 c(米/秒)和温度 t(℃)的关系,可近似表为

$$c=(331.45+0.61t)$$

就是说在地面上温度每升高一度,声速增加约 0.61 米/秒。

我们人类活动在贴近地面的大气里,在高度 20 千米以下,大气的温度变化十分复杂。白天,由于地面接收太阳辐射温度升高,靠近地面大气层比稍高的气层温度高,也就是说近地声速大于高空。这时声音传播路径折向高空,在适当的地方还可以形成声静区,即对远处发出的什么声音都听不见(图 43a)。这时,由于声传播路径折射向高空,如果坐在气球上便会听到格外清晰的气球下面地面的发声,坐在气球里的张继也许会来上一句“正午钟声到气球”。在夜间,靠近地面空气逐渐冷下来了,上空的气温相对高,结果高空声速比地面大,因而声音会向地面折射(图 43b)。这就是夜间声音相对远的道理。在寒冷的天气,尤其在结了冰的湖面或未结冰的水面上,即使在白天,由于地面温度低,声音向地面折射的效果也十分明显。“月落乌啼霜满天”,在诗里张继写的是晚秋天气,不仅是夜半钟声,而且是晚秋天气的夜半钟声,不就格外清晰了吗?真可谓“秋声半夜真”(转引自钱钟书《谈艺录》)。可见唐代诗人观察得多么仔细。由于“秋”和“半夜”这双重的因素加在一起,皇甫冉的诗句:“秋水临水月,夜半隔山钟”就显得非常现实了,只有在这样的条件下,声音才能通过折射从山那边传过来。现在,住在闹市区的人大概都有这样的体验,对马路车辆行驶造成的讨厌的噪声,白天除了临街的楼房外,大多感受不到,而到深夜,即使只有一辆车驶过,也会搅得你睡不好觉,甚至隔几座楼还可以听到,可以说是“夜半噪声扰眠床”吧,它和“夜半钟声到客船”是同样

的道理。

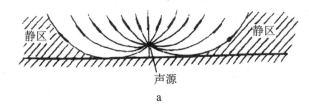

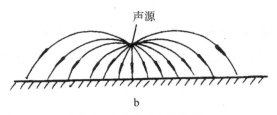

图 43　白天和夜间的声线

　　用现代科学的方法研究声音,大约在张继《枫桥夜泊》诗后的 1000 年。那时,在欧洲有一种说法:"英国的听闻情况比意大利好。"1704 年,两位认真的人:一位是英国牧师 W·德勒,一位是意大利人阿韦朗尼,他们合作对两地的声音传播情况进行了实测,结果证实两国的声音传播情况差别不大。较早测量声速的是 1636 年法国人 M·梅森,而后于 1738 年,法国科学院测得了比较准确的声速。

　　谈到大气中声音的传播,我们应当提到清朝的康熙皇帝爱新觉罗·玄烨(1654—1722)。他是一位既聪明又博学的政治家。在他的随笔《几暇格物编》中,记载了一则他所做的关于枪声的实验,题目是"雷声不过百里"。他说:"朕以算法较之,雷声不能出百里。其算法:依黄钟准尺寸,定一秒之重线,或长或短,或重或轻,皆有一定之加减。先试之铳炮之属,烟起即响,其声益远益迟。得准比例,而后算雷炮之远近,即得矣。朕每测量,过百里虽有电而声不至,方知雷声之远近也。朕为河工,至天津驻跸,卢沟桥八旗放炮,时值西北风,炮声似觉不远,大约将二百里。以此度之,大炮之响比雷尚远,无疑也。"从玄烨的话里,看出他做实验很精细。所说的"黄钟"是古时一个标准音阶,它的律管长九寸径九分,可以当做标准长度。至于定1秒之重线,很可能使用的单摆摆长周期为1秒。定好了量测时间的标准,后面的测量就不难进行了。他的实验,和大致在同时代法国科学院于1738年测声速的办法差不多。只不过玄烨没有提出声速的概念,而得到的是比例的概念,玄烨说的"得准比例",便是现今单位时间内声波走的距离,也便是声速。可惜他未记下得到的比例是多大。

关于声的折射现象,到了19世纪,欧洲学者才定量地研究了温度梯度与声折射效应的关系。后来,人们逐渐认识到,要了解大气中声折射的复杂现象,就得要有一张声速沿高度变化的图。即声速作为距地面高度的函数关系。据现在人们的实测和理论计算,这个函数关系简略地可表为图44。从图44我们可以解释许多大气中声音传播的有趣现象。我们看到从 B 点到地面数千米内,白天到晚上速度梯度相反。它可以解释地面声音晚上比白天传得远的原因,已如前面所说。

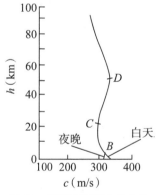

图44　声速随高度变化曲线

我们还看到,这条曲线拐了几个弯。注意声速局部极小处 C 点,在这个高程上发声,任何方向的声音都会折射弯向水平。因为从 C 点往上看,它的梯度正好和夜间地面上声速梯度一样,从 C 往下看,也是远离 C 的高度声速变大,所以无论怎样,声音都会弯向过 C 的水平线。就是说,这个高程,声音传得特别远,称为声道。而具有声速极大值的 D 点,则相反,当声音传播接近它时,有一部分会折射返回声波来的那一侧,犹如波的反射。

夏天打雷,总是在闪电之后。闪电只是一瞬间的事,也许不到千分之一秒。可是一次闪电之后,往往雷声隆隆不绝,要持续好一段时间。这原因就是由于沿高度声音反射,有时来回若干次,就像在山谷中喊一嗓子听到的不断回声。事实上,夏天雷雨前,声速分布比图44要复杂得多。这时由于近地的风、云,声速分布不仅沿高度变化,沿水平也变化,会造成极复杂的声折射现象。

在第一次世界大战时,发现了一个奇怪现象。一门不断发射的大炮,当有人驱车从数百千米外的远方驶向它时,起初听到炮声隆隆,但驶得更近时,在一段路上却听不到炮声。原因是,起初听到的炮声是大气反射的波,更近些是静区,再靠近又听到从大炮直接传来的声波。

风对声音的传播是有影响的,声音的速度在顺风和逆风时不同。顺风时,是静止空气中声速 c 加上风速,而逆风时要减去风速。但是风速沿不同高度的分布是增加的,而且近似地按指数增加。高空风速大,贴近地面小,于是逆风时,高空声速小于地面声速;顺风时高空声速大于地面声速,这样,在刮风时,顺风时声音的折射犹如夜间,而逆风声音折射犹如白天。这就是为什么在刮风时听人讲话,站在下风处听得格外清楚,也就是荀子在《劝学》中所说的:"顺风而呼,声非加疾也,而闻者彰"的道理。

前面谈到的玄烨所做的声速实验,的确很仔细,他甚至没有忽略他在天津听到卢沟桥炮声时刮的是西北风,可见他已经意识到风对声音传播会产生影响。他当时处于下风,所以听得较远。然而夏天打雷的时候,恰好天空温度较低,声音一般向天空折射,玄烨所以听不到超过百里以外的雷声,很可能他是处于声静区。听到声音与否,不仅同雷炮二者发声的能量有关,还同听者所处的地方和气象条件有关。设想玄烨听炮声是处于上风头,听到的炮声未必会比雷声距离远。所以还不能就一般地说:"大炮之响比雷尚远,无疑也。"

声在水中的传播也类似于在空气中的传播。二次大战中发现了海水深层存在声道,在那里声波可以传播数千千米。这个现象受到很大重视,因为用它可以监视敌方潜水艇的动态,它至今还是水声学技术应用的重要课题。

声在固体中传播要复杂一些,但也无非是折射反射现象。近代精密仪器可以测出在地球另一边发生的地震和核爆炸。依靠多点测量可以推算它的大小和准确位置。

利用人工爆炸,声在固体中传播的折射、反射,并收集这些讯号加以分析,还可以用于地质探矿。既然波的传播和速度有关,而速度又和介质的密度有关,所以收集各个方向传来的声波可以从中分析出介质的密度。这种技术的应用称为声全息。

要深入了解这些技术的细节,在力学学科中有一个研究方向,称为分层介质或不均匀介质中的波和波动问题的反问题。

声音是一种波,光也是一种波,在不均匀介质中,光波也会折射,它们都是同一个道理。"海市蜃楼"现象就是光折射造成的。进而X射线也是一种波动,人们收集X射线穿过人体的信息,并且经过计算机计算分析,就可以反推出人体内部各部分的密度大小,这就是现今很普通的非常重要的一种诊断技术:CT扫描(computed tomography,称为计算机X射线断层摄影)。它的原理和前面介绍的声全息是一样的。CT是1971年由科马克(Allan M. Cormack,美国)和蒙斯菲尔德(英国)发明的,他们于1979年获诺贝尔生理学或医学奖。

"夜半钟声到客船"是1 200多年前的诗句,诗句概括的科学事实不断为后来的科学发展所证实。人类对自然的认识逐渐进步,我们沐浴在科学发展的熏风化日之中。当我们反复吟诵这优美的诗句时,又怎能不叹服这诗句的语言美和科学美的完整结合。千年来日益发展的科学技术,不正是对这诗句作更为精细详尽的注解吗?

参 考 文 献

[1] 李久武,丁东. 声音 [M]. 北京:科学出版社,1981.

［2］吉尔·沃克. 生活中的物理学［M］. 徐婉华等，译. 北京：科学普及
　　出版社，1964.

［3］中国大百科全书·物理卷［M］. 北京：大百科全书出版社，1983.

［4］蘅塘退士辑. 唐诗三百首［M］. 北京：文学古籍刊行社，1956.

［5］叶梦得. 石林诗话［M］//历代诗话. 北京：中华书局，1981.

［6］欧阳修. 诗话［M］//欧阳修全集. 北京：中国书店，1986.

［7］王观国. 学林［M］. 上海：上海古籍出版社，1992.

［8］蔡正孙. 诗林广记［M］. 北京：中华书局. 1982.

［9］爱新觉罗·玄烨. 康熙几暇格物编译注［M］. 李迪，译注. 上海：上
　　海古籍出版社，1993.

捞面条的学问——兼谈分离技术

捞面条用笊篱，这是常识。

笊篱发明的相当早，大概有几千年历史。明代许仲琳编的神话小说《封神演义》中说商末周初的姜子牙发迹之前曾以编笊篱为生。小说毕竟不是可靠的史料，所以不足为凭。唐代人段成式在《酉阳杂俎》中记述了安禄山受赏赐的物品，其中有银笊篱一项。

旧时饭铺门口多挂一把笊篱作为幌子。清代李光庭在《乡言解颐》中提到笊篱，说它的功能是"淅米、捞面、抄菜"，并附有一首诗表述以笊篱作为幌子的情景：

> 家无长物漏卮多，流水难盈结柳科。
>
> 晓起抄云堆白粲，夕来捞月漉金波。
>
> 莫当渔舍悬笭箵（注：装鱼的竹笼），
>
> 不比欢场设叵罗（注：古时的酒器）。
>
> 茅店招牌供一笑，破篱低挂绿杨柯。

笊篱从捞面的功能晋升为饭店的标志，说明它的普及和重要。

然而还有一种只用筷子不用笊篱的捞面方法，不知你可曾想到。它对于手头缺少一把笊篱的新婚夫妇，或是虽有笊篱但不常吃面条（笊篱一定积满灰尘，洗起来太麻烦）的主儿，兴许还是有点意义的。

用筷子挑面条，开始比较容易，问题是剩下最后几根面条如何捞起。

方法是,先使锅离火,免去沸腾带来的麻烦。然后用筷子在锅里作圆形搅动,使面汤旋转起来,这时面条便自然会集中到锅底中心,再用筷子到锅底中心去夹。如此重复几次,面条便会一根不剩。不信请君一试便知。

　　熟悉流体力学的人,不难对面条向锅底中心集中给出解释。这就是所谓二次流问题。如果将旋转起来的面汤视为一次流动,这时汤的微团作圆周运动。圆周运动时微团加速度指向圆心。按照流体力学,微团的加速度和压力梯度的符号相反,所以压力强度从锅底中心向锅边是增加的,即愈远离中心压力愈大。在锅的上层,这个压力梯度同惯性力是平衡的。另一方面再看锅底的一层流体,由于锅底与流体的摩擦以及流体的黏性,这层流体的速度很小,从而惯性力也很小,这时惯性力不能与压差平衡,就产生向中心运动的趋势。粗略地说,一定存在沿图45回路 OABC 的流体运动,这就是二次流。正是这个流动将面条带到锅底中心,又由于煮熟的面条比重较大,二次流的强度不足以携带面条上升到汤表面跟着二次流上下翻滚兜圈子,所以面条便准确地停在锅底中心,等待筷子去夹。

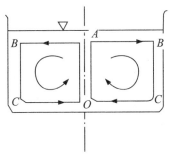

图45　在盛有旋转起来面汤锅里的二次流

　　二次流现象在日常生活中和自然界里是常见的。一杯泡好的茶,用勺子作圆形搅动,茶叶会向杯底中心聚集。在河流的弯道上,外圈河床要深,因为泥沙会被二次流带到内圈。

　　现在,让我们将前面介绍的两种方法稍加总结。煮熟的面条和面汤混在一起,捞面条的问题是如何根据面汤的物理几何性质将它们分离的呢?

这样问，难免有点学究气。但请别忙，这种将两种或多种混合物的每一种组分分离开来的技术问题，从古以来，一直是科学家和工程师所执著研究的重要课题之一，一般称之为分离技术。这个问题的解决和推进，会在物理学、化学和技术发明引起革命性的变化。但是它的主要理论根据还得从力学上加以阐明。

上述捞面条的两种办法正是解决这个问题的两种典型途径。姑且称之为笊篱法和扰动法吧！笊篱的发明是很巧妙的，面条留在笊篱内，面汤在重力作用下漏走了。而扰动法，无非使混合介质造成一种运动，它的不同组分运动轨迹不同，在特定的地方去捕捉特定的物料以达到分离的目的，这就是我们能用筷子夹起最后几根面条的根据。总结起来，人类迄今使用的基于力学原理的分离技术，不外上述两种捞面条的办法的延伸而已。当然也还是有其他的分离技术，如利用沸点、溶解度不同，但这些都不是基于力学的原理，它超出了我们讨论的范围。

磨面时，要将面粉和麦麸分离，那么箩子可谓笊篱的发展。各种各样的筛子也是笊篱的变形。各种粒径的粒状物混合在一起，为了选取不同粒径的物料，就要使用不同筛眼尺寸的筛子，分级过筛。聪明的渔业人员为了捞大鱼，使小鱼跑掉，以便在它们长大再捞，便采用适中网眼的渔网。推而广之，滤纸、自来水公司的过滤池、洗衣机的甩干机。无不是特殊的"笊篱"。在自然界，地表的土和岩石构成很好的滤层，雨水经过它的过滤变成清澈干净的矿泉水。在生物机体内，无论动物还是植物，都广泛存在着不同性能的薄膜，它使一些物质通过，而糖、蛋白质不能通过，否则就会得糖尿病或肾炎。正是由于这些神奇的薄膜，才使得生物的新陈代谢正常进行。现代物理化学研究中，为了一定大小分子而用的分子筛，说到底也是一把精细的"笊篱"。这些"笊篱"形式各样，功能不同，但共同点是一定的网眼尺寸和使介质穿过网眼的驱动力。对笊篱，驱动力是重力，而对于其他形形色色的"笊篱"，驱动力可以是重力，也可以是施加的振动、电磁力、惯性力和渗透压力、扩散的分子力等。而一般驱动力愈强，穿透物质的效率也愈高。

扇 扬

图46　扇扬

　　沿着扰动法分离技术，也可以举出同样多的例子。至今农村在打麦时
还在使用的扬场技术，就是一个最原始的例子。扬场手看准了风向，将一
锨麦粒和麦壳的混合物扬上去，麦粒基本上沿抛物线下落，而麦壳却被风
吹向另一边，从而使它们分离。有经验的扬场手甚至可以在无风的条件下
操作来达到目的。熟练的簸箕手，使用一把簸箕，施行摇、簸、溜、抖等动作，
能使簸箕中的谷粒、秕糠、石块完全分离。元代王祯在《农器谱》中所画的
扬扇（图46）和现在人们使用的惯性分离除尘器的原理大致是一样的（图
47、图48）。在工业中，有一种旋转分离机，它可以造成混合物高速旋转，达
到分离不同粒径的粒料、分离不同液体和除尘的目的。在自然界你可曾注
意到一定的河滩、海滩上的砂粒粒度总是均匀的。这是因为那里的流动特
点适宜于沉积这种粒径的砂子。近代物理中，为了捕捉不同的带电粒子，将
它们加速到一定速度，然后考察它们在强磁场中的偏转，这就是精密分析混

合物的质谱仪原理(图49)。总之,不同物理性质的物体,让它们运动起来,它们的不同性质就得到充分的表演,即运动轨道不同,也易于分别捕捉它们。

二次世界大战期间,美国有一个研制原子弹的曼哈顿计划。其中关键技术问题是铀235的提炼问题。制造原子弹的材料铀235,总是和铀238混在一起,而后者不能产生连锁反应。铀的这两种同位素除原子量稍有差别以外,物理化学性质完全一样,何况天然铀中铀235含量只有0.7%。曼哈顿计划首选的几种方案中有:

扩散法。利用六氟化铀的气体在高压下向一种特制的隔膜另一侧扩散时,轻的分子扩散得稍快。经过多次多级反复扩散可得到适当纯度的铀235。

离心法。使六氟化铀的气体在密闭容器中高速旋转,由于比重不同,内侧的铀235浓度较高。经过反复进行也可以得到适当纯度的铀235。注意这里只有一次流就够了。

还有一种称为电磁法。原理是基于前面介绍过的质谱仪。铀235比起铀238轻,轨道半径也较小,所以在适当位置上安放收集器,可以得到相当纯的铀235。

你看,这些方案和捞面条多么相似。不同的是铀235毕竟不是面条,不那么好"捞"。因而在每一个环节上都需要精密地研究。例如,扩散法用的那张薄膜,需要

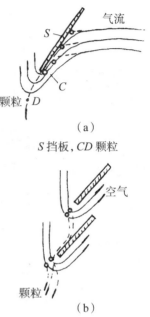

（a）

S 挡板, CD 颗粒

（b）

图47 惯性分离种类

（a）冲击板 （b）折流板

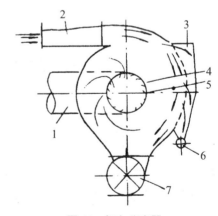

图48 切向分离器

1.排水管 2.流入口 3.除杂室 4.排气内筒
5.折流板 6.杂物出口 7.旋转出料器

布满数 10 亿个孔径在 0.01 微米以下的孔，而且保证没有一个孔径超过 0.01 微米。这些孔不能被腐蚀扩大，也不能被尘埃阻塞。在强度上还要得承受一个的大气压的压力。扩散膜的总面积以若干英亩计。不仅如此，生产上用的泵、阀门都不许有任何泄漏。顺便还值得一说的是，按照电磁法提炼铀 235，需要大量的铜去制作线圈。但当时美国没有这样多的铜，不得不从财政部借用了 14700 吨银来补足。从 1943 年 2 月到 1944 年 8 月他们共造了 940 个线圈。为了保护好这些银子，不得不制定严格的规定，在每道工序与运输过程中，层层保护，精确记账和交接。这些都是高难度技术和复杂的组织工作，需要从头研究解决。经过数年努力，一个个难关都解决了，按照曼哈顿计划终于生产出了足够数量的铀 235。

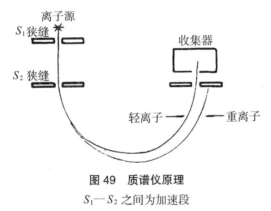

图 49 质谱仪原理

S_1—S_2 之间为加速段

说到这里，我们会领悟到，曼哈顿计划不过是以大量人力物力财力精确地"捞取"铀 235 这锅"面条"，从而使核技术跨进一个新时代。当今，我们正在和将要更精细地"捞"更难"捞"的"面条"，以使人类科学技术进入更为发达的时代，仅仅从这个角度看，力学是多么重要！。

参 考 文 献

[1] L. 普朗特. 流体力学概论 [M]. 郭永怀，译. 北京：科学出版社，1966.

[2] 安东尼，凯夫·布朗等. 原子弹秘史 [M]. 董斯美等，译. 北京：原子能出版社，1986.

倒啤酒的学问
——兼谈空泡问题

　　从瓶子里往杯中倒啤酒，急性子的人，把瓶子拿得很高，有点像倒大碗茶似的，让啤酒水柱冲向杯底，结果总是倒满一杯泡沫，且泡沫流淌一桌子，待泡沫消失后，杯子里的啤酒却所剩无几。

　　熟练的服务员则将杯子尽可能倾斜，将瓶口紧靠杯沿，让啤酒缓慢地沿杯壁流向杯底，随着杯子里啤酒增多，再徐徐将杯子倾角调整到竖直的位置，这样可以倒满一杯啤酒。人们不无诙谐地把这种倒啤酒的窍门总结为三个含谐音的成语："歪门斜倒（邪道），杯壁（卑鄙）下流，改斜（邪）归正。"

　　啤酒、香槟酒、可乐等清凉饮料，都是二氧化碳的过饱和溶液。在不密封的条件下，二氧化碳也会慢慢分离而散逸到空气中去。这类新鲜的清凉饮料，含二氧化碳愈多品质就愈高。这也正是往杯中倒啤酒带来麻烦的原因。

　　我们姑且把前面说的两种倒啤酒的方法称为直冲式与斜溜式。为什么斜溜式产生的泡沫少，而直冲式的倒法产生的泡沫多呢？要回答这个问题得从气体的溶解度开始研究。

　　二氧化碳溶解到水中的量，通常用单位体积能溶解多少体积的二氧化碳来度量，称为溶解度，是同温度和压强有关的量。温度低时溶解度大，高时溶解度小。在高压下溶解度大，低压时溶解度小。如果在高压强条件下突然减小压强,就会分离出二氧化碳而冒泡。在密闭的容器里,冒出的气泡使容器的压强升高后,随之溶解度也增高了,气泡就不再冒了。我们在开香槟酒瓶时,听到"啪"的一声;报上也曾刊载开啤酒瓶时,瓶盖飞出伤人的消息,这都是因为容器里压力较高的缘故。

历史上有过一则有趣的事。19 世纪中,在伦敦的泰晤士河床下打了一条隧道。当隧道竣工时,当地政界人物在隧道里举行庆典,令人扫兴的是发现带到隧道来的香槟酒都跑了气而无味。然而当庆典过后人们走出隧道回到地面时,不幸的事发生了,酒在肚子里发涨了,气从鼻子嘴里不断冒出来,有的人穿的马甲被撑开,有的人则不得不重新返回隧道以减轻这突如其来的痛苦。

所以产生这种现象,是因为隧道比地面低数百米,那里气压较高,二氧化碳的溶解度也较高,所以香槟酒就像跑了气似地无味。等回到地面,气压低了,二氧化碳分离出来,把绅士们的肚子撑了开来。通常在海平面,每升高 100 米,气压即降低 2 190 帕,气压的这种微小变化,对于过饱和的二氧化碳溶液而言,其气体分离与否则表现得很明显。

现在再来讨论往杯子里倒啤酒的问题。静止在杯子中的啤酒,压强各处基本上是均匀的,上层压强略小于杯底,所以也是表面冒泡稍多。但是如果杯子里的啤酒产生了不均匀的流动则各点上的压强是不同的,这从流体力学伯努利定律可知,沿一根流线,速度大的局部压强小,因此这些速度大的地方便会产生大量的二氧化碳气泡。为了说明这一事实,取一杯静止的新鲜啤酒,我们看到它基本上不冒气泡。如果用一根筷子一搅,就会发现在筷子运动的尾部会冒出大量气泡,正是那里压强较低的缘故。如果把筷子在杯子里作圆形搅动,使杯中啤酒旋转起来,拿出筷子,啤酒在杯中形成涡旋,由理论分析知道,涡旋中心压强小,所以那里产生一串气泡,就像在陆地上看到的龙卷风一样,非常有趣。关于涡旋中心压强小的事实,在江河里游泳的人会有深切的体会,游泳到涡旋边上会被涡旋中心吸进去,是非常危险的。

这就是说，如果你想让啤酒不冒泡地倒满杯子，你就应当在倒的过程中，尽量减小啤酒杯中液体的相对速度，尽可能使注满杯子的过程变为准静态。前面说的直冲式之所以不适用，就是因为这种方式使啤酒柱有较大的动量，从而杯中的啤酒速度差加大，即易形成大量的小涡旋。而斜溜式，一方面降低了啤酒从瓶口到接触杯子这段落差，使啤酒入杯时的动能减小；另一方面杯子倾斜可以将啤酒柱对杯子的正冲击变为斜冲击，从而减小啤酒接触杯子时的动量改变；再者斜溜过程，增加啤酒溜到杯底的路程，在这溜的过程中杯壁近处的边界黏性层造成对啤酒的阻力也可以减小啤酒到达杯底的速度，所以它基本上满足尽可能准静态的要求，使整个过程中泡沫较少。

啤酒中含二氧化碳较多，为什么喝起来就会觉得舒服，其中一个重要原因是二氧化碳溶解度与温度的依赖关系。当你倒满一杯冰过的啤酒后，试用一根筷子插入杯中，你就会发现筷子周围爬满了小气泡。这是因为筷子初始温度比啤酒高，筷子周围啤酒中的二氧化碳在温度高时溶度小，便分离出来爬在筷子上。同样，啤酒喝进体内，体内温度比啤酒高，在从口、食道与胃壁的黏膜上也会很快附着大量的气泡。我们还知道气泡的热传导效率是比较低的，这就是当你喝了比体温低很多的清凉饮料时，你并不感到有过分冰凉的原因。我们又知道，黏膜骤然温度下降，会使它附近的血管收缩，神经活力降低，同时消化能力和胃口也相应变得迟钝。而啤酒中气泡的作用也正是使人既觉得凉爽又不致倒胃口而保持旺盛的消化能力。由于这个原因，你也许注意到，在炎热夏季，当你吃完一杯冰激凌再开始吃饭，会觉得胃口不佳，而喝完凉啤酒再吃饭，还会吃得津津有味，这就是因为后者产生气泡的缘故。

所以，为了啤酒好喝，必须注意从酿造、储运、从瓶中往杯中倒等一系列环节中，不使二氧化碳跑掉，以使它进入口中以后能产生较多的小气泡。在储运过程中，要避免日光暴晒，要适当降温；不要过分地摇晃，以免二氧化碳过多跑掉，否则即使在密闭容器中，也会使分离出的二氧化碳气体由于压力过高,导致爆炸事故。还要注意在倒啤酒时,利用斜溜式,而不要在"入口"前这最后一道程序上跑掉过多的二氧化碳。

还应当提及的是啤酒中气泡形成不仅与压强和温度有关,还和一定的气化核心有关。气泡总是先在微小的固体近处或瓶子内表有毛刺处形成。试往啤酒杯里放一小撮砂子,随着砂子下沉,啤酒就会像开了锅一样冒出大量气泡。而且,微小气泡一旦形成,气泡自己又可以作为气化核心而加速气泡的形成。所以啤酒冒泡实际上是如同雪崩一样的非线性过程。即气泡愈多便愈容易增加气泡。所以一旦大量气泡冒出来,便会以迅雷不及掩耳的方式溢出杯子,即使停止倒啤酒也还会再冒一阵,直至二氧化碳跑得差不多了才会停下来。

在生活中把这种多了就更多、少了就更少的非线性现象称为马太效应。它来自《圣经》上《马太福音》中的一句话:"凡有的,还要加给他,叫他有余;没有的,连他所有的也要夺过来。"这种效应在力学与物理学中,随处都可以遇到。河道弯了,由于流动冲刷就更弯;地不平了,在径流冲刷下就更不平;大气电离了,局部就更易于电离直至放电;裂纹产生了,局部由于应力集中就更容易被撕裂。一定程度上穷富差别的加大,股市行情暴涨暴跌,经济危机等都是马太效应。我们这里说的啤酒冒泡也是。要想精确地描述啤酒冒泡的非线性过程,还不是一件十分容易的事,因为泡沫是一种分形结构,不同尺寸的泡沫行为也不同。

讨论完啤酒,我们来看一看水,它和啤酒同是液体。啤酒里溶解的是二氧化碳,水呢,水中通常溶有少量空气,进一步说,水的分子群可以转化为气体——水蒸气。在这一点上说,它同啤酒没有什么不同。不同的是,水在较低的压强下才会变为气体,产生气泡,这种气泡称为空泡,也称为空穴。空泡有时小到直径只有10^{-5}厘米,可别小看这种不起眼的空泡,它曾经而且还是航海事业的可怕的障碍。

1894年,英国制造的240吨的小型驱逐舰"勇敢号"初试航时,螺旋桨转速只能达到384转,比额定设计转速低1.54%。几经调试,直到1897年,

091

总工程师Barnaby才在造船工程师会上发表论文说明最初成绩不良是由于螺旋桨发生了空泡现象。过了20年,1915年,英制的新鱼雷艇"德林号"驶入大西洋试验。它的设计速度比前一型号大一倍。但是当舰艇机器以最大转速工作时,艇尾抖动,尾部海水泡沫翻腾,犹如倒啤酒时一样,速度没有超过前一型号。当鱼雷艇回到基地时,螺旋桨已经破烂不堪了。这又是空泡在捣乱。直到1971年,有人对上千艘船做了调查发现,其中有30%的螺旋桨在使用一年后,都由于空泡而造成不同程度的损伤。

为了研究空泡产生的机理及其作用,人们从19世纪就开始了理论与实验研究。1895年,英国建造了专门研究空泡问题的小型水洞。随后在20世纪20—30年代,英、德、法、苏、美等国相继建造了较大型的空泡水洞。同时理论研究也取得了相应的进展。

高速水流为什么会冒气泡?原来水在标准大气压下(一个大气压相当于101 325帕),温度达到100℃,水就会沸腾。"沸腾"就是水内部能冒气泡的现象。不同温度下,水沸腾的压强是不同的,这个压强称为饱和蒸汽压,也称蒸汽压。水在不同温度之下的饱和蒸汽压为:

0℃	20℃	40℃	60℃	80℃	100℃	120℃
600.66Pa	2 338.1Pa	7 381.2Pa	19 934Pa	47 377Pa	101 325Pa	198 490Pa

由此可见,在压强为2338.1Pa时,水在20℃就开了。这种在常温下沸腾的现象,可以称作"冷沸腾"。在海拔4 000米以上的高原地面,由于那里的气压低,沸点只有86℃,所以在那里煮东西不容易熟。在压强达到198 490帕时,即约不到两个大气压时,水到120℃才开,这个压强差不多是通常高压锅内的压强。

前面说过,流体高速运动,会造成局部压力减小,特别是高速舰船、螺旋桨、鱼雷等在水中运动时,会造成局部水的压差很大,达到常温下的蒸汽压。这就是高速航行中水产生气泡的原因。

一旦产生了空泡现象,阻力就会加大。产生气泡会消耗大量的能量,所以船速再也上不去了。如果对空泡问题不采取特殊的对策，那么大部分船的速度将超不过26节(约14米/秒)。

然而空泡对航海带来的危险还不只如此。问题是空泡在低压区形成后，随着流动流到高压区，在那里压力增高，空气泡无法存在而闭合。空气泡闭合会造成类似于爆炸的高压甚至会达到10万大气压。每一个空泡破裂，都可以看做是一枚微小的炸弹。在这种大气压下，任何金属材料都会被破坏，于是螺旋桨很快便被空泡咬得百孔千疮。类似的问题在大型水电站与大型水坝也产生过，泄流洞的水速高了，水泡可以侵蚀洞壁，水电站涡轮机叶片可以在几天之内被水泡吃掉数十毫米厚。

水滴石穿，不间断的水滴可以将坚硬的石头打穿。起先，人们认为是水流长时间冲刷造成的，后来才明白，原来也是由于空泡在起作用。随着高速摄影技术的发展，有人以每秒1 500张的摄影机对准液滴"着陆"的地方。由拍摄发现液滴由圆而扁然后四散溅开，就在这一瞬间在液滴中心附近的一些局部流速相当大，足以达到产生空泡的低压。于是空泡逐渐将坚硬的石头咬去。在滔滔流动的江河中，流水拍击岩岸，"乱石穿空，惊涛拍岸"，水的这种作用，恐怕也是空泡在作怪。

"开壶不响，响壶不开"。这是人们在烧开水时所熟悉的现象。原来在壶水没有开时，由于壶底温度高于水的沸点，那一层水很快汽化上升，但是气泡一旦离开壶底，便由于水温低而闭合，这闭合产生的"小爆炸"敲击壶底发出咝咝的响声。而当壶水开了之后，上升的气泡不会再行闭合，于是就"开壶不响"了。不过，在你用"热得快"电器插入热水瓶烧开水时，就不会听到这种令人不快的咝咝声。因为"热得快"是插在壶的中央，"小爆炸"所产生的声音往外传时，距离较远，声音衰减掉了。

细心的读者可能已经注意到：将一杯刚煮开的水泼到地面，听到的是"噗"的一声响；而冷水泼到地面，则听到清脆的"啪"地一响。这响声的不同也是由于气泡。如果你将一杯新鲜的啤酒泼向地面，响声同泼开水一样。刚煮开的水温近于100℃，往地上一泼，水与地面冲击，流体的局部速度较大,因而压强减小。这个小的压强会使流体重新沸腾起来。在地面与水之间,隔着一层气泡,当然与没有气泡听起来响声就不同了,而冷水向地面冲击时局部压强降低则不足以使流体沸腾。

拿一把铝壶,烧一壶开水,当水滚开时,你一只手将壶提下炉子并轻轻将壶底放在另一只手上。这时你竟然会发现,这只手可以托起整个铝壶而不感到烫手。这又是水泡在起作用。原来,刚烧开水的壶底壁上附着一层细微的水泡,特别当壶底有水垢后,水泡和水垢构成的隔热层隔热性能很好。当你用手托壶底时,壶底铝的热容量较小,很快与手温平衡,而壶中水的热量却由于一层气泡的隔热,使手不感到发烫。不信请试一试。

20世纪初,人们逐渐认识了超声现象。1917年,法国科学家郎之万发明了压电晶体超声波发生器,之后超声波进入了应用研究阶段。值得注意的是,超声波水中传播引起水的局部高频振荡。这种振荡产生的负压足以产生空泡,从而使超声波在清洗零件、乳化、加速化学反应与粉碎方面得到广泛的应用。也正好是在1917年,英国学者瑞利,首先计算了不可压流体中球形空泡闭合时,可以在中心造成无穷大的压强。当液体是可压时,这个压力虽不是无穷大,但仍非常大。

对空泡的认识至此却没有终止。早在60年前,人们就发现把超声波通到水中,顷刻之间可以发出光来。这个现象一直没有得到合理的解释。直到1959年人们才首次论证,光是由空泡破灭时产生巨大能量集中所发出来的。

据近年来英国《新科学家》杂志报道,近几年来,人们逐渐用更精细的模型来计算这一现象。先后有3个美国人得到了不同的结果。1986年一个美国人算出气泡破灭可造成4 727℃的高温。1993年又有人改进计算,说是可以达到6 727℃的高温,这已经是太阳表面的温度了。到1994年11月美国全国声学会议上,有人宣布用精细模型并用计算机算得,气泡破灭时的温度可以达到1 999 727℃。不断提升的这些温度是不是能够逐渐接近核聚变热核反应所需温度呢。如果这些计算理论是对的,我们又能够依靠近代技术去实现它的话,那么说不定空泡还是一条通向可控热核反应的可行路径呢！这是一个多么诱人的的前景啊！退一步讲,即使达不到所计算的高温,人们不是也可以利用这一超常的高温去开辟许多新的应用领域吗?

啤酒冒气泡可以带来美味,也可以带来麻烦。同样,空泡可以是危险分子,也可以为人类工作。天下大事,有一利必有一弊。而怎样除弊兴利,全靠对它的机理有充分的了解。倒啤酒尚且如此,对待空泡更是如此。

参 考 文 献

[1] K. 库佐夫. 流体世界 [M]. 沈青,王如涌,编译. 上海:上海科学技术出版社,1980.

[2] R. T. 柯乃普等. 空化与空蚀 [M]. 水利电力科学研究院,译. 北京:水利出版社,1981.

[3] F. G. Hammit, Cavitation and Multiphase Flow Phenomena, McGraw-Hill, New York, 1980.

甩鞭子为什么会响
——兼谈鞭鞘效应

鞭子，是当今赶车的（或称车把式）手中的必备物。车把式一扬鞭子，空中戛然作响，拉车的牲口便应声而奋蹄奔跑。

鞭子起源很早，有几千年的历史。明人王祯在他著的《农器图谱》中画有一根鞭子，称为呼鞭（图 50），并注解说："驱牛具也，字从革从便。曰策、曰䩭、曰鞘，备则成之。春秋传云：鞭长不及马腹，此御车鞭也。今牛鞭犁后，用亦如之。农家纫麻合鞭。鞭有鞘，人则以声相之，用惊牛行，不专于挞，世云呼鞭即其义也。诗云：何物耕牛服并驱，长鞭轻袅配歌乎，寄声莫作鸣鞘急，饲养曾添宿料无。"[1]

从这段注解中看出，在周代的春秋传中已有鞭的记载，而且鞭由策（鞭杆）、䩭（tīng，鞭绳）和鞘（shāo，鞭绳末端的皮条）三部分构成。鞭子的主要用途是驱赶，并不是挞（即用鞭子抽打）。

用鞭子驱赶牲口，主要是由于扬鞭动作以及产生的声音效果，久而久之，使牲口形成条件反射，一听到鞭响，便加快步伐。

鞭子一响为什么会发出清脆的响声？这是首先要讨论的问题。原来甩鞭时，鞭鞘部分移动的速度大得惊人，可以超过声速（每秒 330 米）。这就是局部造成了冲击波，于是我们便可以听到一记清脆嘹亮的响声。为了具体分析这个过程，我们沿用

呼鞭

图50

文献[2]的思路,将鞭子简化为一根长为l,均质的不可伸长的柔索。

如图设鞭子在甩开时,折为ABC(图51),在AB段运动速度v为常量,A点运动规律为

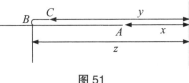

$$x=x_0-vt$$

这里v为常数,负号表示AB段向右运动,BC段的速度为待求。令

图51

$$\dot{y}=\frac{dy}{dt}$$

我们知道,AB、BC两段之和为l,即有$(z-x)+(z-y)=l$,亦即

$$z=\frac{1}{2}(l+x+y)$$

在上述条件下,鞭子的动能为

$$T=\frac{1}{2}\rho\left[(z-x)\dot{x}^2+(z-y)\dot{y}^2\right]$$

将z代入上式得

$$T=\frac{1}{4}\rho\left[(l-x+y)\dot{x}^2+(l+x-y)\dot{y}^2\right]$$

式中ρ为密度。由于鞭绳运动没有势能,将它代入拉格朗日方程$\frac{d}{dt}\frac{\partial T}{\partial \dot{y}}$
$-\frac{\partial T}{\partial y}=0$ 就得到对y的微分方程

$$(l+x_0-vt-y)\ddot{y}-\frac{1}{2}(v+\dot{y})^2=0$$

令$u=l+x_0-vt-y$,方程可以化为

$$u\ddot{u}+\frac{1}{2}\dot{u}^2=0$$

因为$\ddot{u}=\dot{u}\dfrac{d\dot{u}}{du}$,把它代入上式,可以积分得到

$$u\dot{u}^2=\text{const}=u_0\dot{u}_0^2 \tag{1}$$

其中$u_0=l-x_0-y(0)$,$\dot{u}_0=-v-\dot{y}(0)$若令$\dot{y}(0)=0$,代入(1)式可得

$$\dot{y}=v\left[(u_0/u)^{1/2}-1\right]$$

从上式我们看到,当$u\to 0$时,即当$y-x=l$时$\dot{y}\to\infty$!

这就是说,在这样的条件下,鞭子末端的速度可以是无穷大!

097

最早精确分析这一现象的是 W.Kuchariski，他在 1941 年发表了类似于上面的结果。

在实际情况中，无穷大速度当然达不到，但它可以轻而易举地超过声速。这就是甩鞭子产生响声的道理。

正因为鞭鞘部分速度十分大，所以王祯论及鞭子的用途时，说明它不是专用于挞的。因为这样速度的鞭鞘抽在牲口身上，尽管牛马的皮较厚，也会将牲口抽伤，甚至抽出血痕。

在我国古代，鞭子除了用于驱赶牲口外，还有一项有趣的用处：利用鞭子造成的响声为某些礼仪增加威严气氛。

在《宋史·仪卫志》中有一段记载："鸣鞭：唐及五代有之，周官条狼执鞭趋辟之遗法也。内侍二人执之，鞭鞘红丝而渍染以蜡。行幸则前驱而鸣之，大祀礼毕还宫亦用焉，视朝、宴会则用于殿庭。"

这段记载中，"条狼"是周朝《礼记》中记载的专管执鞭的官名，说明从周朝开始，就有专门的内侍在天子行幸、出游或大礼中甩鞭子，这种习俗一直沿袭到唐五代。可以想象，这些大礼中，那些内侍不断甩鞭子，啪啪地响一阵。宋以后，火药发明了，才有了爆竹，一些小的爆竹的响声与鞭子的响声相像，用燃放鞭炮取代"鸣鞭"，所以称为"鞭炮"。现代世界各国举行盛典时鸣礼炮的仪式，追本溯源，怕得从"鸣鞭"开始吧？

鞭子尾部速度大的现象，在日常生活中有许多应用。我们为了抖去衣服上的灰尘，把衣服提起来一抖，衣服局部速度较大，足以将灰尘抖落。刚洗好的床单和衣服，一抖可以把它搞得平整一些。

农村秋收季节，果树梢头的枣、栗、核桃等难以摘下，这时用一根长的钩杆，将果子所在的细枝钩住一摇，柔韧的细枝犹如鞭子，树梢上的果子便可抖落下来。

现代建筑的某些结构（高层建筑、电视塔、桅杆等）愈来愈高，它们有的在风中来回晃动。这时它的顶端每一来回的转折瞬间，形成较大的速度，它所引起的应力有时数倍于静止时的应力。这在设计时绝对不能忽略。

这种由于晃动使应力超常增加的现象，有时也称为"鞭鞘效应"。为了精确地分析这种效应，必须在方程中计入非线性因素，它使得问题比通常难了许多。

自然界的奥秘隐藏得很深，几千年前就利用鞭子响声的现象，直到1941年才弄清楚。其实鞭子的运动还是相对简单的。进一步要问：一根柔索在任意初始条件下开始的运动，而且考虑重力与外部的端头力，它的一般运动规律求解是非常困难的。至今也还没有办法。它的难度恐怕不亚于量子力学、湍流、材料断裂等著名的世界难题！不信试试看。

参 考 文 献

［1］王祯. 王祯农书［M］. 北京：农业出版社，1981：432.

［2］RossenbergR. M.，Analytical Dynamics of Dicrete Systems. Plenum Press，1977，333.

从土豆的内伤谈起
——漫谈接触问题

　　家庭主妇们经常抱怨：好端端的土豆，一剥皮就露出里边褐黑色的一块块坏斑，待到把这些坏斑全削去，一颗土豆便所剩甚小。唉！真可惜。奇怪的是，买土豆时任你怎么挑选，也总是避免不了有坏斑。

　　这种倒霉的"内伤"在苹果、梨等水果中也时有遇到。心细的学过力学的人，不难回答这个问题。原来毛病出在包装运输中。在装车运输土豆时人们总想装得多以提高效率，殊不知装车时的碰撞却给土豆造成许多内伤。装得多了，压在底层的土豆可就倒了大霉，给压坏了。苹果、梨等水果运输时多用箱子或篓子，每只箱篓的高度较小，所以压坏的要少些，但要是车辆驶过颠簸不平的路面，由于振动加大了压力，处在箱底的水果还是难免遭殃。

　　主妇们又要问了，压坏的土豆，裂的、破的，一眼就能看出来；可又怎样解释一大批表面上是好的却内部受伤的土豆的现象呢？

　　土豆和水果的"内伤"问题正好是一个典型的接触问题。假定相互接触的土豆为两个半径为 R 的弹性球，两个球之间作用压力为 P。这时接触处由于球的变形已不再是一点，而是一个半径为 a 的圆，根据接触问题的理论分析可以算出

$$a=\alpha\sqrt[3]{PR}$$

在球体内最大剪应力

$$\tau_{max}=\beta\sqrt[3]{\frac{P}{R^2}}$$

而最大剪应力不在接触面上却在距接触面为

$$z=\gamma a \qquad (\gamma\approx0.47)$$

处。这里α,β,γ都是常数。

土豆和水果等许多材料都可以近似看为在最大剪应力超过一定限度时就产生破坏的材料。

上述公式表明，最大剪应力不发生在表面而在深层。而且半径和压力愈大，深度也愈大。实际接触物体形状虽然各式各样，但上述基本规律则是共同的。这就是为什么土豆外表完好而内伤累累的原因。土豆装运只要超过一定高度，总有一大层土豆难逃这种厄运。每年因此而扔掉的土豆和水果以千吨计。所以改善包装和运输条件才是拯救这批土豆的根本办法。可见，学一点接触问题是很有必要的。

在日常生活中我们经常遇到与接触问题有关的现象。

《三国演义》上有一回书说到张翼德用柳条鞭笞督邮(图52)。可以想象那贪赃枉法的督邮被打得皮开肉绽的情景。在《水浒》中，我们又看到梁山好汉落在敌人之手，不免挨多少杀威棒。三国时候的张飞毕竟是直性子，打人只用柳条，柳条的直径，一般是小的，所以引起督邮的伤也便苦不甚深，只不过皮肉之苦而已。宋朝的衙役们可比张飞狡猾多了，棍棒直径自

图52　张翼德怒鞭督邮

比柳条大了许多倍;受棒者伤在深层,甚至伤筋断骨,而皮肤表面却完好无损。到了法西斯的监狱里,发明了一种用橡皮包着钢丝的刑具,外观柔软,半径又比较大。抽在人身上既不伤筋动骨外表又看不出异常,但却遭受到痛彻骨髓的内伤。这恐怕是反动统治者挖空心思利用科学成果的"巧思"吧?

擀面,为了把面擀开,面的深部破坏了或者发生了永久变形,面才能擀开。面块大就要用粗的擀杖,而擀饺子皮就必须用细擀杖了。这个道理如用在压路机上(你大概注意到压路机的滚子直径有1米多吧),就是希望它把路面的深层压得结实。当然,除了半径大以外,压路机还要重。因为压力大了被压路面深部的应力也愈大。

在工程技术中,接触问题的应用十分普遍。主要是如下三大类问题:第一类是接触应力造成表面或深层的破裂会引起机器或工程破坏的事故,如轴承、齿轮、滚珠等表面剥落。这时应用接触问题的理论,目的是为了要减少这种破裂以避免事故。第二类是利用接触应力进行加工,如轧钢机的轧辊、压力加工的冲头与模具的设计,都要利用接触问题理论使被加工物件易于变形而加工工具却十分耐用。第三类问题是碰撞问题,车船飞机的碰撞可以视为一类特殊的接触问题。例如,高速飞机和空中的飞鸟相撞,会引起严重的结构破坏而造成空难。

正由于接触问题广泛存在于工程技术中,所以它一直受到工程师与力学家的注意与深入研究。

历史上最早研究接触问题的是德国人赫兹(Hertz, 1857—1894),他的研究在1881年取得重要进展。他假定两个弹性体在接触点邻近为两个二次曲面,在外部正压力下接触面为椭圆。椭圆的形状、接触面的压力分布以及物体内应力分布都可以表为解析表达式。这个问题称为弹性力学的赫兹问题。我们前面说的两个球接触问题就是它的特殊情形。

其实,近代提出的接触问题更加复杂得多。诸如各种不同形状的物体和结构相接触,需考虑物体的弹塑性、蠕变及各种物理因素的变化;考虑接触面间的摩擦力和滑动,考虑物体的惯性的碰撞接触问题等等不一而足。

接触问题经过 100 多年的研究，已经能近似解决许多实际问题了。但它仍然存在许多十分困难的问题尚待解决。对于比较复杂的问题，人们往往利用大型计算机去求数值解。即使如此，由于计算量很大，仍然无法很好地解决。举例说，一个均匀的弹性球，从某一高度在重力作用下落到均匀弹性半空间上，它的弹跳高度如何？这个问题看来是非常简单的，但请试解一解，你会发现，它仍然是力学界的难题；更不要说十分复杂结构的碰撞接触问题了。

接触问题之所以困难，是由于它实质上是一类非线性问题。我们知道，经典弹性力学大部分是线性的。线性弹性问题的提法是在给定边界上、应力或位移为已知的条件下求解一组弹性力学线性方程。而在接触问题中，接触边界的应力位移是待求的，甚至接触边界的形状也是待求的。而边界上的位移和应力以及边界本身又依赖于问题在物体内部的应力与位移。这种困难问题，随着工程技术的发展不断提出新的挑战；迫使人们去进行更深入的研究。它构成了弹性力学、结构力学和计算固体力学各个分支学科交叉研究的热点。它同时还吸引了不少数学家的注意。

参 考 文 献

[1] Л. A. 加林. 弹性理论的接触问题 [M]. 王君健，泽. 北京：科学出版社，1958.

[2] G. M. L. Gladwell. 经典弹性理论中的接触问题 [M]. 范天佑，译. 北京：北京理工大学出版社，1991.

怎样制作笛子

　　笛子是非常普通的一种乐器,从小学生到职业演奏家,从牧童到文人雅士,都可以手持一管,吹出自己喜爱的乐曲。

　　笛子的历史非常悠久。在先秦的文献中已有记载,然而那时的笛子有点像箫,竖着吹。在河南舞阳贾湖出土的 8 000 年前的 16 支骨笛,笛有 7 孔,东汉马融(79—166)《长笛赋》却说笛有 4 孔,说明 7 孔笛到东汉已失传了 6 000 多年。现在的笛子估计是汉代从少数民族传来的。初时称为横吹,或羌笛。唐代诗人王之涣的名句"羌笛何须怨杨柳,春风不度玉门关"所指的羌笛就是现在的笛子。最早的笛子只有三四个指孔,因为那时的音律只有五音,没有后来的 fa 和 xi。后来才定型为 6 个指孔。西洋的长笛起步很晚,大约公元 1100 年才有类似中国 6 个指孔的笛子的记载。几经改进,到 19 世纪才定型为有锥形管、键式长笛。锥形管计算、制作都比较复杂,本文只谈中国笛子的问题。

　　笛子的制作说起来是十分简单的事,找一根竹管、金属管或塑料管,打几个洞就可以了。但仔细推敲起来,却并不简单。问题是怎样挖洞,怎样确定洞间的距离,才能使笛子发音准。笛子的制作虽历经数千年,却至今没有一个令人满意的公式来计算洞间的距离。1975 年出版的一本书介绍笛子的制作时,还是这样说的:"开孔先开吹孔,堵上笛塞,然后开基音孔。开始先钻小一些,边扩大边试吹,听筒音是否准确。如低时可将向靠吹孔边扩大一些;如高时,则向另一端扩大一些。"就这样,从基音孔起一孔一孔地边开边吹,一不小心,一根笛料就报废了。实际上,如果没有一根现成的好笛子在身边,即使一开始开一个小孔也不知道应该开在什么地方。所以虽经过千年历史仍不免有点盲目性。

乐器和力学有密切的关系,许多著名的力学家都从事过乐器的研究。明朝王子朱载堉(1536—1611)曾从事过乐器研究,在世界上最早制定了十二平均律。英国大力学家瑞利(Rayleigh,1842—1919)的巨著《声学理论》是一本研究乐器与振动的经典著作。笛子的制作也是一个经典的力学问题。笛子从吹孔到指孔长度同发音频率的关系,应当能运用力学知识加以精确化。以往也有过不少研究,只不过误差较大不能符合实际需要而已。

笔者曾花过一段时间自己制作过各种尺寸的笛子,并初步总结了一些规律,特别是总结出一个如何计算指孔距离的公式。现在把它写在下面以供爱好者参考。

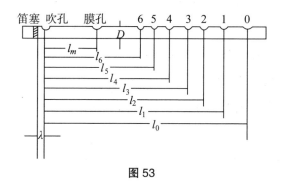

图 53

如图 53 表示一根笛子,图中距离皆以孔中心起算。图中 0 表示基音孔,1,…,6 等数字表示第几个指孔。

(1)笛管直径 D 与 l_0 之比以 $l_0/D \approx 20$ 较好,过短时共鸣性能差,发音不丰满。过长则由于空气的黏性作用使发音不均匀,即近基音孔端数音音量小,近吹孔的数音音量大。

(2)笛塞到吹孔的距离 $\lambda \approx 0.8D$ 为好,过大过小皆影响音准。特别是影响高阶泛音的音准。

（3）孔径d一般依管径略有变化。一般取d=5～8毫米，具体说，

D=11～12毫米时d=5毫米

D=13～14毫米时d=6毫米

D=15～16毫米时d=7毫米

D≥17毫米时d=8毫米

d过大则吹奏时指端不易堵严指孔，所以指孔直径在8毫米以上的笛子很少。吹孔比上述指孔直径略大1～2毫米皆是正常的。且吹孔可以做成椭圆形的，其长轴沿笛管。

（4）吹孔到指孔的距离l_i(i=0,1,…,6)与发音频率f_i(i=0,…,6)的关系按公式

$$l_i=v/2f_i-\Delta l(i=0,\cdots,6)\qquad\qquad①$$

计算。式中v为声速。我们知道声速是与大气的温度t有关的，大致可以按照下式来计算（温度以℃为单位）

$$v=331.45+0.61t（米/秒）$$

我们在①式中可以近似取v=345 700 毫米/秒。它约为气温在 25℃时的声速。之所以这样取，是考虑无论冬夏，人体吹出的气体均带有体温，吹奏一段时间后笛管温度会近似于 25℃。气温和这个温度的误差对音准的影响可以略去。

按照物理学研究的结果，两端开管的共振频率$\tilde{f}$与长度$\tilde{l}$的关系为

$$\tilde{l}=v/2f\qquad\qquad②$$

①式与这个式子的区别在于右端有一个修正补偿长度Δl。这是由于在开启指孔以外的一段空气柱也参与部分共振，吹孔也是开端，但比较小，还应计及笛塞到吹孔段影响以及管外空气的惯性修正。所以Δl的引进即使对于两端开口带有直管亦是必要的，对于笛子则更加不可略去。

据笔者总结各种尺寸笛子的规律，若近似取

$$\Delta l=4D（毫米）\qquad\qquad③$$

则笛子的音准基本可以保证。于是我们有

$$l_i = \tilde{l}_i - 4D \quad (i=0,\cdots,6) \qquad \qquad ④$$

这个公式用于箫也是非常准的。

现将笛子音域范围的频率及由②式算得的$\tilde{l}$列表如下($\tilde{l}$以mm为单位)。

	G	G#	A	B♭	B	C²	C#	D	D#	E	F	F*
f	341.9	415.3	440.0	466.2	493.9	523.3	554.4	587.3	622.3	659.3	698.5	740.0
$\tilde{l}$	441.0	416.2	392.8	370.8	350.0	330.3	311.8	294.3	277.8	262.2	247.5	233.6
	G	G#	A	B♭	B	C³	C#	D	D#	E	F	F*
f	784.0	830.6	880.0	932.3	987.8	1 046.5	1 108.8	1 174.2	1 244.6	1 318.5	1 396.9	1 480.0
$\tilde{l}$	220.5	207.9	196.4	185.4	175.0	165.2	155.4	147.2	138.8	131.1	123.7	116.8

举例说,要制作一根G调的笛子,第三指孔为G,查表得它的音阶顺序为

孔号	0	1	2	3	4	5	6
音名	D	E	F#	G	A	B	C
$\tilde{l}$	294.3	262.2	233.6	220.5	196.4	175.0	165.2
$l=\tilde{l}-\Delta l$	242.3	210.2	181.6	168.5	144.4	123.0	113.2

基音孔对应的$\tilde{l}$=294.3毫米,选直径D=13毫米,于是Δl=52毫米,由④算得实长l列于上表的末一行。

为了发音准确,在基音孔外部最好留出$2D$长的多余部分。如果多余部分过长,则在基音孔外约$2D$长的部位打两个孔,以减少这段多余部分管中空气参加共振。同时这些孔也可以起装饰作用。

孔心按上述尺寸定好后即可以用φ6的钻头直接打孔。

(5)膜孔,距吹孔l_m到$l_0/4$最好。这样可以使各音较好的振动,它不应

处于任何音(包括超吹的高音)的波节上,否则吹这个音时笛膜将不起作用。吹起曲子来,个别音等于笛膜,效果不好。

按上述各点将笛子的孔打好后,安上笛塞。笛塞要严密,光滑,塞得不透气,可以用通常的软木塞或橡皮削制。打好的各孔还需用小刀或锉刀修饰一下,刮去毛刺,并且使各孔边缘向内倾斜,最后贴上笛膜。

好,一管音阶较准的笛子做好了。吹奏时,若吹某音,则对应这个音到基音孔的指孔全部打开。这种笛子与传统的笛子稍有不同,传统笛子 fa 稍高 xi 稍低,靠调整指法符合音准。现在你的这根笛子对预先规定的调名(如上面说的 G 调笛)指法就非常简单。如果适当变换指法还可以吹出几个升降半音来,上述 G 调笛子可以吹出 C 调(筒音为 2)和 F 调(筒音为 6)来。如果你还想多吹几个半音,那么在笛子上可以多打几个半音孔,把拇指与小指也用上。经过一段练习,你一定能用它吹奏出美妙动听的乐曲来。何妨一试?

参 考 文 献

[1] 清圣祖敕撰. 律吕正义 [M]. 四库全书台湾商务印书馆影印本.

[2] 朱载堉. 乐律全书 [M]. 商务印书馆万有文库本,1931.

[3] 念祖. 中国声学史 [M]. 石家庄:河北教育出版社,1994.

"噗噗噔儿"与非线性

噗噗噔儿,是一种甩玻璃吹制而成的玩具。吹制的方法是,先将玻璃拉成一根管子,然后将它的端部吹成一个球,最后趁玻璃还软,在一个微凸的平面上一摁,使底平面略向内凹,待冷却后即成。通常多为暗红色或红褐色。图54(b)是清朝同治光绪年间民间艺人画的彩色画"北京民间风俗百图"中的"卖琉璃喇叭图",图中左筐上边即有几只噗噗噔儿,它的形状如图54(a)。图54(c)则是20世纪40年代的一张民俗剪纸,右筐上也插着几只噗噗噔儿。据日本学者林谦三的考证,噗噗噔儿大约在江户时代(1603—1867年)传入日本,称之为鼓珰(poppen)[图54(d)]。

由于它的底薄如蝉翅,且略凹,玩的时候对着管端轻轻吹气,当内部气压略大时,底儿便变形而突然外凸,随之噗地一响;然后再吸气,随着内部压力减小,底儿又噗地一响变为向内凹,这样一吹一吸,便响个不停,很好玩。

但是,由于这种玩具很易破碎,不小心能够划破皮肤,再加上新的电子玩具的出现,所以近年来生产很少了,早年它却很流行。它的名称很多,北京一带也称不不登、倒掖气、倒掖器、响葫芦;山西一带则称咯嘣儿、琉璃咯嘣儿;广东一带称料泡等。

噗噗噔儿在中国发明得相当早,在明末刘侗、于奕正合写的《帝京景物略》中有记载:"别有衔而嘘吸者,大声哄哄(hǒng),小声嘣嘣(běng),曰倒掖气。"可见它的发明当不晚于明末。书中还记有一首儿歌,现录在下面:

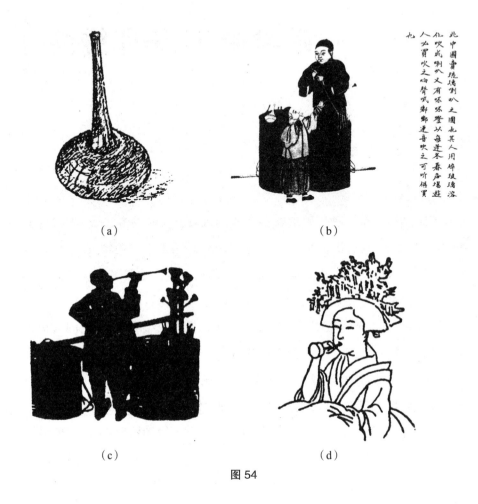

（a）　　　　　　　　　　　（b）

（c）　　　　　　　　　　　（d）

图 54

倒披器,如瓶落阶瓶倒水。

匀匀呼吸吹薄纸,吸少呼多瓶脱底。

藏爹钱瞒爹眼里,迷糊琉璃厂甸子。

儿迷糊,倒披器,爹着汗,嬷着泪。

　　这首儿歌的大意是:倒披器玩起来,它发出的声音有如瓦盆掉在台阶上或小口瓶往外倒水,由于它很不结实,所以必须均匀地吹吸,就像吹一张薄纸一样,一不小心就会将底吹脱落,很容易吹坏。歌的后半阕是说一个淘气的小孩背着爹妈拿了钱去逛琉璃厂、厂甸,买倒掖器玩,结果害得爹为了寻他而汗流浃背,老妈妈急得哭泣。这里"迷糊"有迷恋与糊涂双关的意思。

时间上大约是噗噗噔儿发明稍后,英国人胡克(R.Hooke,1635—1703)在1660年发现了一条定律,并且于1676年发表了。这就是现在中学教科书上说的胡克定律,即:在材料的弹性极限内,弹性物体所受的力与变形成正比。如果用 p 代表外力, d 代表变形量,则胡克定律可以表示成 $p=kd$,这里 k 是与 p 和 d 都没有关系的常数。比胡克略早的法国数学家笛卡儿(Descartes,1596—1650),在他41岁时,即1637年,发表了他的名著《几何学》,也就是后来解析几何的最早起源。书中认为在平面上建立了坐标系,任何一个两个变数的方程可以对应于平面上的一个图形。有了这个方法,胡克就可以将他的外力与变形的关系画在图上,结果是一条直线,所以后来也将胡克所描述的这种外力与变形的关系称作**线性关系**。

胡克搜罗了他当时所能收集的许多例子加以研讨,结果都符合"线性关系"。其中有:螺旋弹簧,外力是拉力,变形是伸长;钟表发条,外力是中心轴的力矩,变形是中心轴旋转过的角度;一根悬吊的长长的线,外力是拉力(下端的重物),变形是伸长;木制的一端固定,另一端自由的梁(悬臂梁),外力是自由端所悬重量,变形是自由端铅直位移(挠度)。在所有这些例子中,"线性规律"都是成立的。据国防科技大学老亮教授考证,在我国东汉经学家郑玄(127—200)在《考工记》注中,通过对弓的试验,就已经有外力与变形成正比的记载,比胡克早了1 400多年。

噗噗噔儿虽然发明得比胡克出生还要早,可惜由于当时中西交通的阻隔,胡克小时候肯定没玩过这玩意儿,否则他在总结他的定律时,恐怕要困惑不解了。如果将噗噗噔儿也看作一个在外部力作用下的变形物体,这里外力是内部空气的压强减去大气压,变形可以用圆形底部中心的位移来量,不妨设底部为平的时,变形为零。这时,外力与变形的关系不再是一根直线,而要复杂得多。

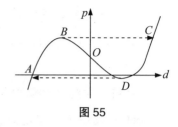

图 55

对于噗噗噔儿的外力变形曲线来说，也可以将它画在平面上，令水平坐标表示变形 d，铅直坐标表示压力 p，图 55 曲线 $ABODC$ 即是。设未吹气时，噗噗噔的状态处于 A 点，这时 d 是负的，表示底向内凹。随着吹气使内部压力增高，底也逐渐向外移动，当内部力 P 增加时，于是便使噗噗噔的状态到达 B 点。我们看到从 B 点，变形曲线是伸向 BO 段，但这一段上，压力必须下降，实际上我们还在继续吹它，不可能下降，于是噗噗噔的底部中心便直接跳向 C 点，然后若增加压力再沿 DC 段往上去。从 B 跳到 C，噗噗噔的底儿瞬时便从凹形跳到凸形，发出一个清脆的响声。在 B 点，噗噗噔的状态发生突然变化，所以我们称 B 点为临界点。

现在当噗噗噔状态处于 C 点，即底向外凸压力为正，如果减少压力，或轻轻吸气，则噗噗噔的状态又会沿 CD 段到达 D 点。这时再减小压力，噗噗噔的底儿便突然在压力不变的条件下，由凸变为凹，即从 D 返回到 A 点。

我们看到在曲线 $ABODC$ 上，BOD 这一段也是外力变形曲线上的一小段，但却永远达不到。因为在这一段上，噗噗噔的平衡是不稳定的。

噗噗噔儿发明得很早，可是关于它的变形的理论研究得却很晚。最早研究它的是 1939 年美国力学家冯·卡门（von Karman，1881—1963）和他的中国学生钱学森。他们将这类问题简化为一个球壳在外压作用下的失稳问题。他们的兴趣当然不是为了噗噗噔，而是对某些飞机结构元件变形规律的认识。

然而，噗噗噔儿的底儿在它向内凹或向外凸时，都可以看为一个球壳的一部分。所以卡门—钱的研究工作也可以用来解释噗噗噔儿的变形，它是一类弹性物体变形的代表。后来人们把这类有上下临界（如图 55 上 B，C 点）的变形曲线、变形的来回突然跳动称为**弹性突跳**。

弹性突跳现象在工程与生活中有不少应用，现在电子计算机或计算器的按键就是利用弹性突跳元件，使得指头按上去压力达到一定值时，键接触时不拖泥带水。高压配电的电闸也是如此。有些工作部门还用它作为控制器,使压力高时达到临界值,通过弹性突跳打开阀门泄气,低时达到某临界值通过弹性突跳关闭阀门。

噗噗噔儿也是弹性材料,但是它的外力变形曲线却为什么不是线性的,不服从胡克定律?原因很简单,胡克研究的对象都是相对小的变形。其实即使是噗噗噔儿,如在图55A点附近,它的变形曲线也可以近似看为线性的,用曲线过A点的切线代替即可;变形大了,曲线便拐弯了。所以胡克之后,为了保持胡克定律有较大的适用范围,人们修改了他的提法,加进两条限制:其一是严格限定在变形很小的情形;其二是将外力与变形改为应力与应变。应力与应变是指在变形体上割出一个无限小的单元上来讨论外力与变形关系的。在这两个条件下,大部分弹性体是满足"线性关系"的,即使我们的噗噗噔儿上的一个无限小元素也是服从线性关系的。

人们将像噗噗噔儿的变形外力曲线称为非线性关系。非线性关系类型很多,也很复杂。整个自然科学的历史表明,任何学科发展的早期,最先总是将所得到的关系看作线性的,例如在电学中,电场强度与电感强度的线性关系;渗流中渗透压力与渗透流速度的线性关系;在热学中热流量与温度差的关系;在电工中电压与电流强度的关系,等等。早期都是线性的,随着研究的深入,都发现了非线性的修正。

不仅如此,早期的社会生产,也近似用线性关系的经济学来讨论。手工生产,如打草鞋,生产量与人数是线性关系。后来进入大生产,一座现代化钢厂,钢产量与工人数便不是线性关系,人数少到一定数量便产不出钢来。

大约在20世纪60年代,整个自然科学与社会科学各领域,大量提出并讨论非线性现象与问题,而且这些问题都有一些共同点,在数学描述上其非线性关系相同,且发生的现象也有某些可类比性。它比线性情形更复杂、更媚人,描述的现象更丰富,也更具有挑战性。这就是所谓当前我们称之为非线性科学。而且人们预期,20世纪人类仅仅是大量提出非线性问题。真正要解决,恐怕是21世纪的事。

然而,非线性现象不管怎样复杂,也总得从最简单的情形开始研究。噗噗噔儿当是一种最简单的非线性现象。如果你想进入非线性的研究领域一显身手,不妨请你先对噗噗噔儿思考一下,它会告诉你许多许多。

参 考 文 献

［1］老亮. 我国古代早就有了关于力和变形成正比关系的记载［J］. 力学与实践,1987,9（1）.

［2］T.von Karman & H. S. Tsien, The Buckling oa Spherical Shells by External Pressure, J. Aeron. Sci., Vol. 7, 43, 1939.

［3］武际可,苏先樾. 弹性系统的稳定性［M］. 北京:科学出版社,1994.

漫话周期运动
——天体的运行和乐器的发声

　　我们周围周期变化的事物,从远古起就引起人们的兴趣,吸引人们去观察、探索、研究。早在2 000多年以前,我国战国时期的《管子》一书中就曾有"天覆万物,制寒暑、行日月、次星辰,天之常也。治之以理,终而复始"的论述。

　　西方哲学家亚里士多德(前384—前322)在他的名著《物理学》中给出了圆周运动的精确定义,并且说:"圆运动先于直线运动,因为它比较单一、完全","循环运动是一切运动的尺度"。

　　民间谚语"三十年河东,三十年河西"概略描述了河床周期性变化的规律。《三国演义》的第一句话"话说天下大势,分久必合,合久必分",描述了社会现象的周期变化。《汉书·礼乐志》中有一句话:"阴阳五行,周而复始。"则将周期变化总结为一般的规律。

　　在众多周期变化的事物中,有两类特别引起人们的兴趣,一类是日月星辰即天体的周期变化,另一类是乐器的发声。

　　乍看起来,这两类事物是如此的不同。前一类是自然的,而后一类则是人造的;然而,它们都是周期运动,而且在今天看来都是最易于观察到的周期运动。它们都是同人类生活息息相关的。

　　中国历代统治者视科学技术为"奇技淫巧",却对这两类现象的研究表现出特有的偏爱。在官修的二十五史之中,总是以显著的篇幅描述天体运行的历与乐器发声的律,合称律历志。这种偏爱是基于对这两个领域重要性的认识。天体运行不仅关系草木荣枯的周期变化,关系人类作息、农事周期,而且在他们看来,"凡帝王之将兴也,天必见祥于下民"(吕不韦语),"治道失于下,则天文见于上"(陆贾语),即人世的治乱都可以从天体运行上看出来。对于乐则认为"乐也者,天地之和也","可以善民心","审声以知音,审音以知乐,审乐以知政,而治道备矣"(《礼记》)。天象和音乐有这么大的作用,难怪历朝历代都设有管天的钦天监、管乐的乐府、教坊等专门机构,组织专门的研究队伍,委派专门的官吏掌管。不少封建统治者本身就是这方面的专家;唐明皇和三国时代的周瑜是音乐家,明代王子朱载堉是律学家,清朝皇帝康熙是通晓天文和乐律的专家。

在1957年人类首次发射人造天体之前,所有的天体,日月星辰,都是自然形成的。人类通过世代对它们的观测,描述它的观察资料日益丰富,描述它运行的理论、学说不断发展。至于乐器,从史前到现在,种类日益繁多,功能日臻完善,内容也不断丰富。

考古发掘证实,我国约8 000年前就已有笛,而7 000年前就已有埙这种古老的吹奏乐器;之后有钟、磬、鼓、琴、萧等。到了周朝,见于记载的乐器即有70多种,仅《诗经》中提到的乐器就有29种之多。《周礼》将它们大致分为8类,即匏(笙类)、土(埙或缶等)、革(鼓类)、木(板类)、石(磬类)、金(钟类)、丝(琴类)、竹(管类)。唐代乐器空前发达,加上从外域传来的,据记载有300种以上。

胡琴的出现是乐器史上的大事,它是弓弦乐器的始祖。北宋的大学问家沈括(1031—1095)在《梦溪笔谈》中有"马尾胡琴随汉车"的名句,表明宋代已有了胡琴。《元史·礼乐志》中有正式的胡琴记载,说:"胡琴,制如火不思,卷颈、龙首,二弦用弓捩之,弓之弦以马尾。"西方的小提琴等弓弦乐器是从东方传去、历经改进到15—16世纪才定型为现代的式样。

电子琴是20世纪才出现的,它是把近代非线性电子管振荡器用于乐器制造的产物。1920 年,一位苏联学者发明了差频式电子琴。由于那时电子管体积大,性能也不理想,虽几经改进,在 20 世纪 60 年代之前大多没有实用价值。六七十年代之后,由于三极管、集成电路的出现和振荡器性能的改进,新的电子琴可以模仿任何乐器的音色。一架电子琴在手,演奏起来可以达到一个乐队的效果。电子琴目前仍方兴未艾,它的前程无量。

天体运行和乐器振动的各种理论发展,其内容之丰富、道路之曲折,绝不是在一篇短文中所能详尽的。这里,我们仅将它作一简要的回顾。大致是:天体运动精确化描述,乐器的线性振动理论;天体动力学模型及乐器非线性振动几个重要阶段。

早期,无论东方还是西方,自然科学都是从观察天体运行迈出第一步。尽管天体运行相对简单,但还是经历了漫长的岁月。从对日月星辰运动的观察,不断积累资料完善理论模型,从地心说到日心说,在西方经过从托勒密、哥白尼、第谷、开普勒、伽利略,经过了剑与火的斗争,才迎来了 17 世纪牛顿力学的诞生。牛顿力学的第一个胜利便是成功地精确地解释了行星运行的轨迹。关于天体运行的争论至此似乎画上了一个句号。牛顿力学也是近代精密科学的开始。它使人类形成了绝对时间、空间,运动的速度、加速度、质量以及力的概念,并能用这些概念及运动定律列出描述物体运动的运动方程。这些都为乐器发声理论的研究奠定了基础。

乐器的发声来自振动。振动也是一种周期运动,不同的是它的周期很短。天体运行的周期是以年为单位的。而乐器振动周期只有百分之一秒左右,以 C 调的 la 为例,它是每秒 440 赫兹,比天体运行周期快了约 10^{10} 倍,所以比起天体的周期运动来说更难于观测。

事情还得从意大利科学家伽利略(1564—1642)谈起。传说他小时候在教堂随大人作弥撒,对于圣经毫无兴趣,却不时去观察教堂大吊灯的摆动,从而吸引他后来对单摆进行实验,得到了单摆周期等时性的结论,并且得到了周期同摆长关系的物理定律。基于摆的等时性,才产生了近代意义下的计时装置——摆钟。用它度量其他运动,这在技术上实现了亚里士多

117

德的"循环运动是一切运动的尺度"。有了这个尺度,人们可以进而观察像乐器振动这样较快的运动了。

在众多的乐器中,弦乐器最易于研究。法国僧人梅森(M. Mersenne, 1588—1648)进行了弦振动的实验,得到了弦长与振动频率的关系。之后有拉格朗日、达兰贝尔、亥姆霍兹等对弦、板和其他各种乐器进行了大量实验与理论研究。1877年英国人瑞利的《声学理论》的巨著集前人研究之大成,它概括总结了弦、板、管等的振动与发声,这就是现今关于线性振动理论的主要内容。

在我国历史上,这类问题提出得还要早。例如在《周易》中有"同声相应,同气相求"的记载,可谓共振原理的萌芽。在《汉书》等中有弦乐器音阶的"三分损益"的记载,它简单说明了音阶同弦长的关系。北宋沈括在《梦溪笔谈》中记载了琴瑟上调弦时的共振实验,他说:"欲知其应者,先调诸弦令和,乃剪纸人加弦上,鼓其应弦则纸人跃,他弦不动。"明朝王子朱载堉在世界上首先提出了十二平均律。这些贡献无疑都是了不起的。但由于量的精确化不够,没有形成精确的表述方式,所以甚至连振动的周期、频率、音速等基本概念也不是首先在中国准确形成的。

20世纪以前的研究结果应当说是相当丰硕的了,然而所有这些研究中,还没有涉及一个乐器发声的根本哲理性的问题。声由物体振动产生,而一般振动,如击鼓所形成的振动,总会由于材料的内耗和介质的阻尼衰减而最终停止。那么一个持续的声音或振动将是怎样产生的呢?例如埙、笛、笙,只要对吹口连续吹气,且气足够长,声音即可延续足够长;弓弦乐器只要弓足够长,持续拉动,弦即不断振动。即是说,单调的口风和弓子的平动怎能产生周期运动呢? 直到19世纪末,人类还没法回答这一问题。

总前所述,我们观察客观世界,无论是自然界,还是社会现象,总是充满了循环往复。老子把"道"的实质表述为"周行而不殆"。就是说,客观世界永远是循环往复而无休止的运行着的。日月星辰,寒来暑往,周而复始,往复不已;生物的世代交替,世道的兴衰,股票市场的振荡起伏,也是在无穷无尽的振荡中发展着。在物理中研究的声波、水波、弹性波、光波、电磁波,在时间和空间上都是周期变化着的。

要回答这个周兴效应的发生和发展的问题,还得回到天体力学上,得从法国的数学家、力学家和哲学家庞加莱(1854—1912)开始。他在深入研究了天体力学后,将天体的运行归结为一组常微分方程,称之为动力系统。由于求解困难,他不得不转而开创了一个新的方向,这就是微分方程的定性理论。对于天体问题,特别是二体问题,他论证在一定条件下存在周期解即极限环,并设法去寻求它。1927年,苏联学者安德罗诺夫(Александр Александрович Андронов,1901—1952)指出,在无线电的振荡器中的自激振动可以用庞加莱的极限环来进行数学分析,并在此基础上提出"自振"这一名词。他说:"尽管这样的系统中有摩擦,却都存在不依于初条件的振动,这样的振动称为自振。"自振只有在非线性系统下才会出现。弓弦乐器、管乐器、簧乐器的发声无不是自振。

1940年,E. 霍普夫(Eberhart Hopf,1902—1983)将安德罗诺夫的自振概念进行了数学上的概括,这就是现今所说的安德罗诺夫—霍普夫分岔。这个概括可以简要总结如下:

考虑一个动力系统

$$x = f(x, \lambda)$$

这里 x 和 f 都是 n 维向量,λ 是一个参数。它有平衡解 $x_0 = x(\lambda)$,对给定的是常向量,即满足 $f(x_0, \lambda) = 0$。为了在平衡解邻近讨论系统的行为,不妨将右端取主要项,即

图 56　霍普夫

$$\dot{x} = \frac{Df}{Dx}\bigg|_{x_0} (x - x_0)$$

或令 $y = x - x_0, \psi(y, \lambda) = f(x_0 + y, \lambda)$,有

$$\dot{y}=\left.\frac{\mathrm{D}\psi}{\mathrm{D}y}\right|_{y=0} y$$

这里 $\frac{\mathrm{D}\psi}{\mathrm{D}y}$ 是 $\psi(y,\lambda)$ 对 y，在 $y=0$ 处的雅可比矩阵。它是依赖于 λ 的。当 λ 值使 $\frac{\mathrm{D}\psi}{\mathrm{D}y}$ 的特征值全部具有负实部时，任何在 $y=0$ 邻近的解 $y(t)$，亦称扰动解都趋向于零。即任何扰动都趋向平衡解。这时称平衡解是稳定的。对于某个特定的 λ_0，$\frac{\mathrm{D}\psi}{\mathrm{D}y}$ 的特征值出现一对不为零的共轭虚根时，这时扰动解 $y(t)$ 表现为周期运动，原系统会出现极限环。即系统出现自振，这就是分岔。

安德罗诺夫—霍普夫分岔揭示了动力系统的平衡解和周期解相互转化的内在规律。

图 57　安德罗诺夫

我们周围的事物总是可以用动力系统来近似描述的，因而平衡解同周期解的相互转化也是普遍的。乐器的发声，生态中种群的此起彼伏，化学中的反应波，电磁振荡，股票市场的涨落，心脏的跳动，飞机和结构在风作用下的颤振，摩擦和流动产生的噪声，地貌与河床的变迁等等，无不可以用这一理论加以解释。

天体力学和振动理论这些成果又会反过来把人类观测天体以及制造乐器的实践推向更高的水平。1846 年海王星的发现、1930 年冥王星的发现，以及 1957 年以后数以千计的人造天体的发射和技术应用无不凝结了天体力学的研究成果。在非线性振动理论指导下，更精美的振荡器设计了出来，更精密的电子计时器诞生了，粒子加速装置、各种风动工具、机械都可以找到它的应用。而作为新一代的乐器——电子乐器正是各种复杂振荡器的综合，只要按下琴键，振荡器通过场声器即可发出美妙的乐音，需要的话可以任意延长，没有气短弓尽之憾。

回顾这段历史，不免使我们中国人为之心酸。我们有五千年文明，我们也较早地提出了这类问题，而且历代对这些问题也不可谓不重视，确曾花了大力气去探索，但划时代的成果却总是出在西方。这种状况恐怕有两方面的原因。

第一，在研究学问上急功近利的哲学思想的长久统治。科学和技术不同，它是非营利的事业。牛顿力学、庞加莱极限环。安德罗诺夫—霍普夫分岔都不能卖钱，都不可能成为商品，甚至从急功近利的眼光看，它们都没有"用"，然而它们都是人类文明的无价之宝。

我国在历和律的研究上虽然名家代有辈出，著作汗牛充栋，但考其内容无非是为了应用。在历上，主要为了发布准确的皇历和观察天象的祥瑞与凶兆。历史上，我国曾出现过90多种不同的历法，古书记载的天象也总是和世事的吉凶联系在一起阐明的，因而没有也不可能有更高层次的力学和天体力学产生。在律上，主要是应定调、定音、和弦之需，为制造乐器和为乐曲定调服务，没有也不可能产生一般的振动学和声学理论。总之都没有对客观规律超过应用的升华。"致用"的原则束缚了科学发展，"致用"只会产生技术却产生不了科学，也就谈不上在科学指导下的现代技术。何况这"用"往往被理解为爵位的晋升、俸禄的增加和更为功利主义的效用和效益。

其实，如果纯粹从应用的角度来看问题，地心说和中国古代的历法也便够了。按它制订的历法也不会延误农时，有点小的误差隔几年修订一次也没有什么麻烦。在律上，有中国明代朱载堉的巨著《乐律大全》便够用了。他不仅提出了十二平均律而且计算精确到20多位有效数字。按照它，在乐队中绝不会有定不准调子的困惑。

中华民族是很擅长于发明的民族。据有的外国学者考证，世界上半数以上的发明起源于中国。四大发明之外，诸如耕作技术、蚕桑、纺织、瓷器、火炮、众多的乐器、火柴、牙刷等可以举出成千上万。然而由于没有近代科学，当我们的发明还在不断改进连弩、红缨枪、水车、虹吸、沙漏、独轮车、烽火台、花炮、驿站、皮影戏等的时候，西方基于近代科学的洋枪、洋炮、飞机、原子弹、无线电、计算机、原子钟、彩色电视等的发明大批涌现，中国人只能长时期望洋兴叹。近代史告诉我们：科学的落后，会导致技术乃至经济的衰落。

在中国古代，不受急功近利观点影响的学者，也还是不乏其人的。屈原就是一位。在他的《天问》中，我们一点也看不出急功近利的影子。但唯其如此，他在3 000年的历史中和者寥寥，只有唐代的柳宗元和明代的王廷相分别以《天对》和《天答》遥相唱和，而屈原自己却由于政治上的其他原因投江而死。

第二，长期封建的皇权统治，扼杀了人民的创造力。科学的发展，是需要有民主的环境的。律和历，在中国古代受到重视，毋宁说受到封建帝王的重视。在清代之前，中国的历朝政权都是严厉禁止民间研习天文的。即使在律和历的研究中，帝王不需要的研究方向和新思想也得不到支持和发展。以对哈雷彗星的观察为例，从公元前240年到1910年的2 000多年中，哈雷彗星共出现了29次，每一次中国都留下了详细的记录，如此丰富的观测资料却没有产生向理论高度的升华。所以中国的天文学长久落后于西方。

在天体力学上有一件事也值得一说，这就是西方日耳曼学者汤若望（1591—1666）的遭遇。汤氏最初在中国传教，由于他熟悉西方当时的天文知识，明末被徐光启举荐参与历法制定。清初他曾任钦天监，受守旧派诬陷和反对，以他对荣亲王下葬的时日选得不好等罪名，再加上杨光先罗织罪名指斥新法十谬，被判极刑，他手下许多官员则罢官的罢官、坐牢的坐牢，后来因为别人上书替他讲情方免死罪而蹲进牢房。这一事件致使西洋历法理论在中国的实行推迟了若干年。

随着西学东渐和封建王朝的腐败与崩溃，人民群众已不再能忍受愚昧与专制的枷锁。民国以后，近代有识之士提出科学和民主的口号。这无疑是一种历史的进步，从而也为迎接近代科学在中国的繁荣作出了贡献。

最后，我们再回到天体运行上来。经过若干世纪天体力学、动力系统的研究,似乎没有什么新问题要研究了。从 20 世纪初至前些年,在中外科学界里流行着一种颇为时兴的说法:科学的前沿在物理,物理的前沿在基本粒子。这种看法也有一定道理,在它指引下,许多大型加速器建立了起来,迎来了不少新粒子的发现,迎来了核工程的诞生,这无疑是一段辉煌的历史。

然而,事物似乎又来了一个周期,正应了民谚说的:"三十年河东,三十年河西。"近年来动力系统中的新的成果不断出现,奇怪吸引子、混沌概念的产生,计算力学、计算物理的兴起,吸引了众多学者投入;与此相比,许多大型加速器关闭;美国又中断了正在建造的大型加速器的拨款。这说明宏观动力系统的研究又热火起来了,而微观世界的研究开始转冷。

事实上,天体运行奥秘的探讨还远远没有完结。人类观察天体愈仔细,许多现象愈难以解释。随着望远镜的出现,人们就曾注意到木星上有一块斑点;望远镜愈改进,观察得愈精细就愈不可思议。几百年来,对这块斑点出现过多种解释,诸如岩浆说、气柱说不一而足。直到 1978 年,由人造天体旅行者 2 号发回的图片,方认清了那是一团大尺度的大气湍流。而湍流,即流体的紊乱流动,它的规律至今仍是不清楚的。

至于天体的运行,自古以来一直就有人在问:天体的周期运动是怎样产生的呢?屈原在《天问》中问道:"遂古之初,谁传道之?上下未形,何由考之?"1 000 年之后,柳宗元在《天对》中是这样回答的:"本始之茫,诞者传焉。魂灵纷纷,曷可言焉。"意思是说:原始渺茫的情形,都是荒诞者传下来的。巨神之类的传说,纯属无稽之谈。牛顿虽然对天体的研究比柳宗元高明得多,可是他的回答却是:太阳系的周期运动是因为上帝给了它最初的一棍子。这个解释非但不能使人有"天降牛顿,万物生明"(波普,A. Pope,1688—1744)的感觉,而"最初的一棍子"不免使人更为糊涂和困惑。倒是柳宗元后半句不信上帝的话比牛顿还稍微高明一点。正由于解答得不能令人满意,中外学者在这个领域中仍旧继续探求。关于天体和宇宙起源的学说不断出现,康德和拉普拉斯都曾有过优秀的假说,不过,迄今还没有一

123

种令人信服的说法。

如果亘古遂初宇宙是处于天地未分的混沌状态,用时下的话说,可以看做连续介质的动力系统,亦即无限自由度的动力系统,那么在微团之间万有引力作用下,系统内部还存在耗散。这样的大系统将怎样演化为现今的模样呢? 我们已有的理论是对于有限自由度动力系统的。即使对有限自由度动力系统,我们也还有许许多多问题没有研究清楚。而无限自由度的行为则提出更多的理论问题需要我们去解决,它需要发展新的工具,需要物理、数学多学科合作。它的重要进展,想必对天体演化、宇宙起源、湍流机理会有进一步的揭示。到那时,我们对周期运动和动力系统的认识也就会更上一层楼了。

参 考 文 献

[1] 安德罗诺夫等著. 振动理论 [M].《振动理论》翻译组,译. 北京:科学出版社,1973.

[2] 戴念祖. 朱载堉——明代的科学和艺术巨星 [M]. 北京:人民出版社,1986.

[3] 尤·阿·里亚波夫. 天体力学浅谈 [M]. 李进等,译. 北京:科学普及出版社,1984.

[4] 周桂钿. 天地奥秘的探索历程 [M]. 北京:中国社会科学出版社,1988.

力学的发展和钟表的变迁

莎士比亚写的戏剧《朱利奥·恺撒》的第二幕第二场中有一段对话：

恺：……现在几点了？

布：恺撒，已敲过八点了。

其实在恺撒的时代（公元前 1 世纪）根本就还没有报时钟。能自动敲点报时的钟大约是那时代往后 1 400 多年才发明的。莎翁以自己的生活经验写他之前 1 600 多年的事，由于没有注意计时器的历史发展进程，因而闹出了笑话。犹如我们现在写莎翁打电话一样荒唐可笑。

在现代社会中，钟表不仅是科学技术中重要的计时手段，而且已经变成日常生活的必需品了。然而人类计时的发展是经过漫长的岁月的，本文就是要着重谈谈与钟表发展历史有关的一些问题。

计时手段的发展和力学的学科发展有着十分密切的联系。力学的发展依赖于计时，力学的发展又反过来促进计时的发展与革新。

我们常说，力学是研究物质机械运动的学科。所谓机械运动是物体在空间随时间过程而发生的位置变化。力学又可以分为动力学和静力学两个部门。

静力学是研究平衡的学问，和时间的关系不大，所以大约在 16 世纪，在较精密的计时装置发明之前，斯蒂芬（Simon Stivin, 1548—1620）以发现了力的平行四边形合成道理而宣告静力学的系统化。在他的《静力学》专

125

著中只用到了几何学。

而动力学就不同了,它的确立必然要和精密的时间量度相联系。所以动力学的发展同精密计时手段的发展是相辅相成的。

为了说明精密计时同力学发展的关系,让我们首先观察一架现代的计时装置由哪些部分组成。拿任何钟表来说,它一般由三部分组成,这就是动力部分、传动部分和控制部分。

先从控制部分说起,它是计时器的心脏。它具有一个标准的运动装置,是一个标准的依时间均匀地直线运动或等时地周期运动装置。这部分提供计时系统运动的标准。同时还要有一个称为卡子(擒纵器)的机构,用来使系统的运动和标准的运动同步。

其次是传动部分,用以将标准运动的时间经过复杂的转换显示出来。例如打更、举旗、指针和文字显示等。

最后就是动力部分。这部分提供自动计时器的原动力或能源。

严格地说,这三部分都是和力学不可分的。从远古起它们就在发展并且积累了相当多的知识。

大约在中国的南宋时期,有一位学者薛季宣(1134—1173)总结当时的计时手段时说:"晷漏有四,曰铜漏、曰香篆、曰表圭、曰辊弹。"这段话被稍后的南宋学者王应麟摘录于《小学绀珠》中。这里"晷漏"是计时器的总称。所说的四种方式我们分别介绍如下。

"铜漏"是一种用来计时的贮水铜制容器。下部有孔,水不断泄漏。水位下降,指示水位的刻度便可以告诉你时刻。此类装置在古代西方与中国都有考古发现。最早出土的漏壶在埃及,大约成器于公元前3400年。其形状为顶端大底部小的截锥体。由于水位高时水流得快,低时流得慢,这样可以使水位大致保持均匀下降。中国出土最早的漏壶大约在西汉,之后一直到明代还在使用。古书上形容大臣们按时去早朝为"待漏"。漏壶后来也有以沙代水的,称为沙漏。

"香篆"是以点燃一种用木屑加胶制成的条状物(称为"香")来计时的。

中国最早用香作为祭祀与祷告的用品，即"香烟缭绕，以达神明"，以后才用以计时。看香燃烧的长度来确定时刻。用香还能制成一种"闹钟"。方法是在香的某个长度上系一段线，线的另一头系一小铜球，当香燃烧到系线处便将线烧断，这时小铜球便落在下面预置的盘中，发出响声。在西方虽然没有烧香一说，但古代有以燃烧蜡烛的长度来计时的办法。

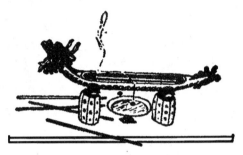

图58　燃香计时的"闹钟"

"圭表"是测日影长度和角度的仪器。直立者为圭表，斜立者且底盘有分度者为日晷。它们是一切仪器中最为古老的。以测日影长度和角度定时间的办法起源很早，东西方都在距今约三四千年以前。

前面介绍的这三种计时办法，"香篆"和"圭表"都不准确。前者同是一根香，燃烧速度受气温气流的影响很大，何况不同的香燃烧速度有很大的不同。而后者因为影子的边界模糊不易测准，而且在阴天就失效。比较起来铜漏相对好一点。所以据《周礼》所记，中国古代从周朝开始就已经有专门掌管时刻的官职，如"夏官挈壶氏"等。一直到明末以后，漏壶才逐渐被现代钟表所代替。

以上三种计时方式还有一个共同的缺点就是观察不方便。铜漏的刻度是在壶的内壁，古时不像现在有玻璃器皿，观察刻度比较方便。怎样才能使漏壶的度量变为易于观察的标志，从汉到明的1 000多年中，颇有人动过不少脑筋，通过十分复杂的机构以达到这一目的。这就是所谓"辊弹"，也就是现代钟表的前身。

最早的机械辊弹，要数东汉张衡（78—139）所造的浑象仪了。它利用漏壶流水来驱动，以一套复杂的齿轮系统传动使之均匀地绕极轴旋转，可

127

以调整使其旋转速度和天球旋转速度大致一样。这样一来，昼夜星辰出没都可以实际显示出来，因此它又被称为水转浑天仪。不仅如此，它还可以表演月亮盈亏，所以实际上还相当于一架粗制的带日历的大钟。继张衡之后，三国时吴国的陆绩、葛衡，宋代的钱乐之，梁代的陶弘景，隋代的耿询，唐代的高僧一行和梁令瓒，北宋的张思训，都做过浑天仪，而且每次都有所改进。

图 59　张衡像

　　最为巧妙的是北宋人苏颂（1020—1101）于 1088 年设计制造的水运仪象台。它的构造在苏颂著的《新仪象法要》中描述得很详细。20 世纪 50 年代我国学者王振铎等将它复原于北京历史博物馆陈列。西方类似的机械打点钟最早出现在 1335 年意大利米兰的一个教堂的钟楼。

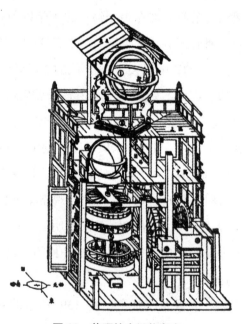

图 60　苏颂的水运仪象台

现在让我们从前述的三部分来看钟表的发展。能源和传动，诚然都和力学有关，而钟表所用的能源大多是水和重锤的势能。传动部分是齿轮、链条或滑轮。这两部分虽然后来还有很大的改进，但为提高精密度，它们的改进尚不起关键作用。

至于控制部分，应当提到的是在苏颂的水运仪象台上，已经有了卡子（擒纵器）的机构。这是一件了不起的发明。它使传动和时间的标准运动——漏壶的状态严格同步，每漏满一个水斗，在它的控制下具有36个格子的枢轮严格转动一格。据西方学者李约瑟的考证，公元725年唐代高僧一行就发明了它，这早于西方类似的发明至少600年。西方在1335年米兰教堂的钟楼，还没有卡子，它的速度是靠传动末级的摩擦力来控制的。西方钟表的卡子大约是1396年在法国发明的。

然而，以上的原始钟表的精度还是十分可怜的。其根本原因是，不管是漏壶还是西方传动末级的摩擦力都不容易精确调整，误差很大。于是为寻求标准等时运动的重任便历史性地落在力学家的身上。

伽利略（1564—1642）是研究摆的运动的第一人。他在17岁时，作为比萨大学一年级的学生，对摆的振动发生了兴趣，经过反复实验得到了摆的小摆动周期与摆长成正比的结论，从而在理论上为钟表的核心装置——摆奠定了理论基础。这标志着一个新时代的开始。伽利略又是精确研究动力学的第一人，他对自由落体也和对摆的研究一样，同样标志着人类对动力学研究的开始。

图61　伽利略像

1641年，伽利略建议利用摆的等时性制造钟。但是他未能完成，一年后便逝世了。于是制造摆钟的任务便历史性地由荷兰学者惠更斯（1629—1695）担当了。

1657年，年仅27岁由于发现土星光环而知名的年轻学者惠更斯完成了摆钟的设计。同年，荷兰的钟表匠制成了首架摆钟。次年，惠更斯出版了他的专著《摆钟》。在这本书中，惠更斯不仅详细描述了摆钟的机构，更重要的是发表了一系列关于单摆与动力学的重要研究结果。例如，惠更斯系统地研究了圆周运动，引进了向心力和向心加速度的概念。他在理论上论证了单摆的等时性并给出了其周期 $T \approx \sqrt{r/g}$ 的公式，其中 r 为摆长，g 为重力加速度。随后，惠更斯又发现在大摆动时单摆的周期不再是常数，并给出了在大摆动时也有等周期的摆线理论。所以，我们可以毫不夸张地说，惠更斯在动力学研究上是伽利略的直接继承人。

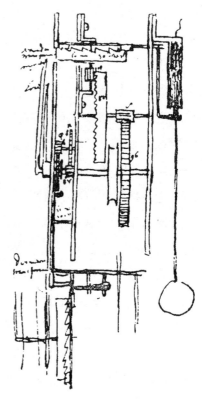

图62　惠更斯设计的钟表

　　摆钟的发明对钟表精度的改进是非常了不起的。在此之前，最好的钟一昼夜误差大约15分钟，而当时最好的摆钟可以调整到一昼夜误差不大于10秒。至此我们才可以说，我们确实有了研究地球上物体运动的精确计时装置。

　　谈到钟表的改进，还应当提到一位力学家，即英国学者胡克（1635—1703）。他于1676年发表了对于弹簧的研究结果，后人称之为胡克定律，即弹簧的伸长与外力成正比关系。胡克对弹簧研究的开创性的工作，使人们对弹簧了解得越来越多。随之而来的是出现了两项改进：一项是弹簧发条贮能器的改进，另一项是弹簧（或游丝）摆轮的发明。1674年惠更斯制成基于弹簧摆轮的钟表。有了这两项改进，钟表可以造得更为轻巧，例如，可以在颠簸环境下工作的钟和可以随身携带的怀表以及手表的出现。

1707 年,英国海军舰队发生了一次惨祸,有三艘船失事,超过 2 000 人死亡。原因是舰队的位置出了差错。1714 年英国国会悬赏 2 万英镑:谁要是能够找到在海中精确测定经度的方法,他就可以得到这笔奖金。条件是到达西印度的 6 个星期的航行后,误差不得大于 30 英里。实际上,当时天文观测仪器已经可以十分精确地测定天上星球的位置了。对于船舶所在的纬度可以直接由观测星球得到。对于所在地的经度,由于星球在天上随时间在均匀地运动,所以问题归结于能否制造一架精确的可以携带的钟。这种钟称为天文钟。

技高一筹的钟表匠哈里森(1693—1776)于 1761 年以他改进的钟从伦敦到牙买加的 9 星期的航海旅程中时钟仅差 5 秒,从而赢得了国会的悬赏。

18 世纪时,欧洲钟表进入了市场,有了从教堂、航海、家庭摆设到个人佩戴等各式各样的钟表。之后钟表做得越来越精巧,可以戴在手腕上的手表也出现了。

迄今 200 多年间,钟表用于测量各种物理量。测量声速、光速、各种振动频率、周期、各种物体的运动以及体育运动。此外它还广泛地用于航海、航空。各门学科和各门技术的发展无不得益于钟表的帮助。

从另一角度讲,钟表的发展和改进可以说揭开了现代技术的序幕。由于对于它的需求,需要加工大量的钟表零配件,于是产生了现代车床和现代金属加工技术。另一方面,钟表发展又为欧洲的现代技术发展培训了人才。蒸汽机的发明者英国人瓦特(1736—1819)、纺织机的发明者英国人阿克赖特(1732—1792)、以蒸汽机为动力的轮船的发明者美国人富尔顿(1765—1848)等,他们青少年时代都曾经当过修表学徒或制作匠。

有一种流行的观点是很有道理的,即认为欧洲的近代科学技术的起源是古希腊的思辨传统与欧洲的手工业传统相结合的产物。前者是以达·芬奇、伽利略、惠更斯与牛顿的动力学发展为代表,而后者便是以钟表工业的发展所培养起的一代新技术人才。

至于中国,在钟表方面虽曾有过光辉的历史,有最早的水转浑天仪、水

131

转仪象台,有最早发明的卡子,然而由于这些设备与装置始终限于皇宫之内,没有走向市场,所以在宋以后,经元明两代兵荒马乱便渐渐失传了。

旧时中国各行各业都供奉一个行业的开山祖师爷,如,木工供鲁班、戏剧界供唐明皇、农民供神农氏等。而旧时上海的钟表铺里供奉的祖师爷,不是张衡,也不是苏颂,却是一位虬髯戟张的洋人。那便是 1601 年向明万历皇帝进贡两架自鸣钟的意大利传教士利玛窦(1552—1610)。中国的钟表在中断了自己的历史传统后,不得不从此重新引进。利玛窦带来的钟还不是惠更斯的摆钟。利玛窦来中国后,与徐光启合作首译欧几里得的《几何原本》。随后又在他的建议下罗马教皇派懂自然科学的传教士源源东来。所以他不仅给中国人带来了钟表,而且可以说实是西学东渐的祖师爷。在他之后,明清两代皇帝不断从西方引进钟表新产品。康熙皇帝有一首《戏题自鸣钟》诗:

昼夜循环胜刻漏,绸缪婉转报时全,阴晴不改衷肠性,万里遥来二百年。(此器至中国 200 年矣)。

这里康熙皇帝认为自鸣钟胜过刻漏,而且他说传来中国已经 200 年了,与通常由利玛窦携来之说不同。康熙皇帝是很重视吸收西方的科学技术的,仿效西方也很快。中国最早自己生产钟表是康熙三十年(1691 年)的事。那时距惠更斯发明摆钟之后仅 30 年左右。早期的钟表也大半只供宫廷使用。至今在故宫钟表展室中陈列的那些豪华与精巧的洋人贡品与内府打造的钟表,便是那时期中外钟表历史的见证。

如前所述,钟表的发展同力学具有十分密切的关系。中国人较早认识清楚这种关系的是清代经学大师阮元(1764—1849)。他在《自鸣钟说》一文中叙述了自鸣钟的构造并特别强调其原理与力学有关。他说:"西洋之制器也,其精者曰重学。重学者以重轻为学术,凡奇器皆出乎此。""而作重学以为用也,曰轮、曰螺。是以自鸣钟之理则重学也,其用则轮也螺也。"阮元这里所说的重学即现今的力学。这段话的基本意思发展了 1627 年(明天启七年)西人邓玉函和华人王征合译的《远西奇器图说》中"能通此学(指重学)者,知机器之所以然"的思想。遗憾的是,对阮元等的看法,理解的人很少。力学在中国的传播仍然很慢,至20世纪20年代,随着近代教育的兴起,才开始力学知识的普及与传播。

图63　利玛窦像

摆钟在人类文明史上立下了汗马功劳,独领风骚300年。在自然科学与技术的各个领域无一没有它的贡献。然而从20世纪50年代开始,钟表的心脏——摆,不得不让位于更精密的时标——石英晶体振动或原子振荡。说到这里,也许有人会以为摆钟退位了,力学似乎也退出了钟的历史舞台。其实不然。晶体振动与原子钟中的原子轨迹计算问题涉及更为复杂更精细的力学理论与计算。

如果说经过改进的摆钟,可以控制在每年误差在1秒以内,那么,美、德、加拿大等国以及随后于1980年我国研制成功的铯原子钟可以精确到30万年误差不超过1秒,最近美国制成的原子钟精度可以达到1亿年误差不到1秒。1952年美国制成了第一块电子手表。20世纪60年代开始,石英表投入市场。目前在民用钟表中,机械摆钟已逐步让位给新的电子表了。

不过电子表的原理和机械表实在是没有两样。机械表是靠摆轮振荡,而电子表是靠电子回路的振荡,原子钟是靠原子中电子的能级跃迁。它们在原理上是相通和可以类比的。熟悉机械表原理的人,再熟悉电子线路后,对于了解电子表乃至原子钟就非常简单了。

参 考 文 献

[1] 邓玉函,王征. 远西奇器图说 [M]. 上海:商务印书馆,1926.

[2] 中国大百科全书·机械卷 [M]. 北京:大百科全书出版社,1987.

133

奇妙的非牛顿流体

现在去医院作血液测试的项目之一,已不再是"血黏度检查",而是"血液流变学检查"(简称血流变),为什么会有这样的变化呢?这就要从非牛顿流体谈起。

牛顿 1687 年发表了以水为工作介质的一维剪切流动的实验结果。实验是在两平行平板间充满水时进行的(图 64),下平板固定不动,上平板在其自身平面内以等速 U 向右运动。此时,附着于上、下平板的流体质点的速度,分别是 U 和 O,两平板间的速度呈线性分布。由此得到了著名的牛顿黏性定律。

$$\tau = \mu \frac{\mathrm{d}u}{\mathrm{d}y}$$

式中,τ 是作用在上平板流体平面上的剪应力,$\mathrm{d}u/\mathrm{d}y$ 是剪切应变率,斜率 μ 是黏度系数。

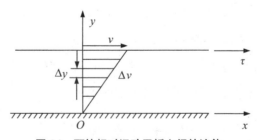

图 64　两块相对运动平板之间的流体

斯托克斯 1845 年在牛顿这一实验定律的基础上,作了应力张量是应变率张量的线性函数、流体各向同性及流体静止时应变率为零的三项假设,从而导出了广泛应用于流体力学研究的线性本构方程,以及被广泛应用的纳维—斯托克斯方程(简称纳斯方程)。

后来人们在进一步的研究中知道,牛顿黏性实验定律(以及在此基础上建立的纳斯方程),对于描述像水和空气这样低分子量的简单流体是适合的,而对描述具有高分子量的流体就不合适了,那时剪应力与剪切应变率之间已不再满足线性关系。为区别起见,人们将剪应力与剪切应变率之间满足线性关系的流体称为牛顿流体,而把不满足线性关系的流体称为非牛顿流体。因为对血液而言,剪应力与剪切应变率之间已不再是线性关系,已无法只测一个点,给出斜率(即黏度)来说明血液的力学特性,只好作血流变学测试,测三个点,给出剪应力与剪切应变率之间的非线性曲线关系。

(一)形形色色的非牛顿流体

早在人类出现之前,非牛顿流体就已存在,因为绝大多数生物流体都属于现在所定义的非牛顿流体。[1]人身上的血液、淋巴液、囊液等多种体液以及像细胞质那样的"半流体",都属于非牛顿流体。

近几十年来,促使非牛顿流体研究迅速开展的主要动力之一,是聚合物工业的发展。聚乙烯、聚丙烯酰胺、聚氯乙烯、尼龙、PVS、赛璐珞、涤纶、橡胶溶液、各种工程塑料、化纤的熔体、溶液等,都是非牛顿流体。

石油、泥浆、水煤浆、陶瓷浆、纸浆、油漆、油墨、牙膏、家蚕丝再生溶液、钻井用的洗井液和完井液、磁浆、某些感光材料的涂液、泡沫、液晶、高含沙水流、泥石流、地幔等也都是非牛顿流体。

非牛顿流体在食品工业中也很普遍[2],如番茄汁、淀粉液、蛋清、苹果浆、菜汤、浓糖水、酱油、果酱、炼乳、琼脂、土豆浆、熔化巧克力、面团、米粉团以及鱼糜、肉糜等各种糜状食品物料。

综上所述,在日常生活和工业生产中,常遇到的各种高分子溶液、熔体、膏体、凝胶、交联体系、悬浮体系等复杂性质的流体,差不多都是非牛顿流体。有时为了工业生产的目的,在某种牛顿流体中,加入一些聚合物,在改进其性能的同时,也将其变成为非牛顿流体,如为提高石油产量使用的压裂液、新型润滑剂等。

现在也有人将血液、果浆、蛋清、奶油等这些非常黏稠的液体,牙膏、石油、泥浆、油漆、各种聚合物(聚乙烯、尼龙、涤纶、橡胶等)溶液等非牛顿流体,称为软物质。

(二)非牛顿流体的奇妙特性及应用

射流胀大

如果非牛顿流体被迫从一个大容器,流进一根毛细管,再从毛细管流出时,可发现射流的直径比毛细管的直径大（图 65）。射流的直径与毛细管直径之比，称为模片胀大率（或称为挤出物胀大比）。对牛顿流体，它依赖于雷诺数，其值约在 0.88～1.12 之间。而对于高分子熔体

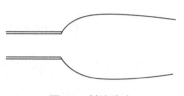

图 65　射流胀大

或浓溶液,其值大得多,甚至可超过 10。一般来说,模片胀大率是流动速率与毛细管长度的函数。

模片胀大现象,在口模设计中十分重要。聚合物熔体从一根矩形截面的管口流出时,管截面长边处的胀大,比短边处的胀大更加显著。尤其在管截面的长边中央胀得最大（图 66）。因此,如果要求生产出的产品的截面是矩形的,口模的形状就不能是矩形,而必须图 67 所示那种形状。

这种射流胀大现象,也叫 Barus 效应,或 Merrington 效应。

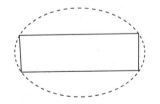

图 66　矩形截面管口的射流胀大

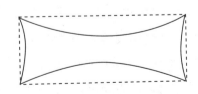

图 67　口模的设计形状

爬杆效应

1944 年 Weissenberg 在英国伦敦帝国学院，公开表演了一个有趣的实验：在一只盛有黏弹性流体（非牛顿流体的一种）的烧杯里，旋转实验杆。对于牛顿流体，由于离心力的作用，液面将呈凹形[图 68(a)]；而对于黏弹性流体，却向杯中心流动，并沿杆向上爬，液面变成凸形[图 68(b)]，甚至在实验杆旋转速度很低时，也可以观察到这一现象。

爬杆效应也称为 Weissenberg 效应。在设计混合器时，必须考虑爬杆效应的影响。同样，在设计非牛顿流体的输运泵时，也应考虑和利用这一效应。

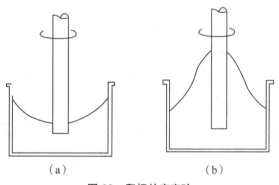

（a）　　　　　　　　　　　（b）

图 68　爬杆效应实验

无管虹吸

对于牛顿流体来说，在虹吸实验时，如果将虹吸管提离液面，虹吸马上就会停止。但对高分子液体，如聚异丁烯的汽油溶液和百分之一的 POX 水溶液，或聚醚在水中的轻微凝胶体系等，都很容易表演无管虹吸实验。将管子慢慢地从容器拔起时，可以看到虽然管子已不再插在液体里，液体仍源源不断地从杯中抽出，继续流进管里（图 69）。甚至更简单些，连虹吸管都不要，将装满该液体的烧杯微倾，使液体流下，该过程一旦开始，就不会中止，直到杯中液体都流光（图 70）。这种无管虹吸的特性，是合成纤维具备可纺性的基础。

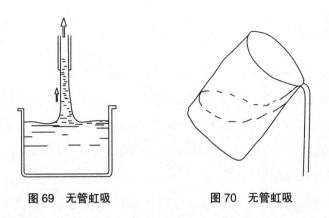

图 69　无管虹吸　　　　　　　图 70　无管虹吸

湍流减阻

非牛顿流体显示出的另一奇妙性质,是湍流减阻。人们观察到,如果在牛顿流体中加入少量聚合物,则在给定的速率下,可以看到显著的压差降。图 71 给出了两种不同浓度的聚乙烯的氧化物溶液的管摩擦系数 f 对于雷诺数 R 的关系曲线。

湍流一直是困扰理论物理和流体力学界未解决的难题。然而在牛顿流体中加入少量高聚物添加剂,却出现了减阻效应。有人报告:在加入高聚物添加剂后,测得猝发周期加大了,认为是高分子链的作用。

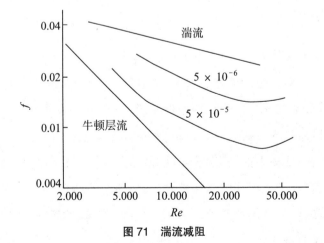

图 71　湍流减阻

减阻效应也称为Toms效应,虽然其道理尚未弄得很清楚,却已有不错的应用。在消防水中添加少量聚乙烯氧化物,可使消防车龙头喷出的水的扬程提高1倍以上。应用高聚物添加剂,还能改善气蚀发生过程及其破坏作用。

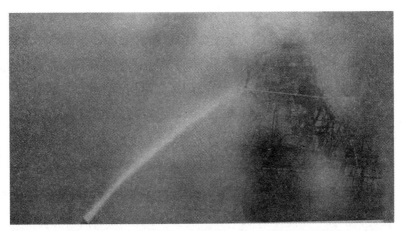

图72 湍流减阻:在同样动力下两幅消防水龙头喷水图
上图为未添加聚乙烯氧化物的情形
下图为添加聚乙烯氧化物后的情形

非牛顿流体除具有以上几种有趣的性质外,还有其他一些受到人们重视的奇妙特性,如连滴效应(其自由射流形成的小滴之间有液流小杆相连),拔丝性(能拉伸成极细的细丝,见本书"春蚕到死丝方尽"一文),剪切变稀,液流反弹等。有兴趣的读者可从有关文献进一步了解。

由于非牛顿流体涉及许多工业生产部门的工艺、设备、效率和产品质量,也涉及人本身的生活和健康,所以越来越受到科学工作者的重视。1996年8月在日本京都国际会议中心召开的第19届国际理论与应用力学大会(IUTAM)上,非牛顿流体流动是大会的6个重点主题之一,也是流体力学方面参与最踊跃的主题。Grochet邀请报告的观点是,高分子溶液和熔体的特性远异于牛顿流体,并认为对这些异常特性的研究,都是带有挑战性的课题。

参 考 文 献

［1］莱顿. 生物系统的流体动性［M］. 北京:科学出版社,1980.

［2］陈克复等. 食品流变学及其测量［M］. 北京:轻工业出版社,1989.

［3］陈文芳. 非牛顿流体力学［M］. 北京:科学出版社,1984.

［4］王仁,何友声,等. 第19届国际理论与应用力学大会(IUTAM)情况介绍［J］. 力学与实践,1997,19(1):57-64.

奇异的电磁流变液体

在常温常压下，物质可分为固体、液体和气体三种状态，也称为三个相。如水蒸气、水和冰，就是三个相。任何人都容易使用一台冰箱和一个低浅容器，将水（液体）冻成冰（固体），然后又可再取出冰（固体）来加热，使其化成水（液体）。但是，你能在几秒钟或更短的时间内，将液体固化，然后又将其液化吗？

"T-1000型终结者"，是在电影"终结者之二：世界末日（Terminator 2：Judgment Day）"里出现的科学幻想机器人。它几乎是不可摧毁的，能够毫不费力地使液态和固态相互转换。它的液态金属皮肤，如果被子弹射穿，就能马上使弹孔融合；如果被打成碎片，也能马上熔化，并再凝结恢复为原样。这样的科学幻想能实现吗？电流变或磁流变液体，正好为影片制作者的这一科学幻想，提供了实现的可能。

本文将介绍能实现这种科学幻想的智能性材料——电流变液体和磁流变液体。它们是一种在电场或磁场里，可发生状态变化的物质。根据其所受场强的不同，它们可像水一样流动，也可像蜂蜜那样黏稠，还可以像骨胶一样固化。而这种物质，从一种状态转变为另一种状态，所需时间又很短。

（一）磁流变制动器的小实验

简单的磁流变制动器的示意图如图 73 所示。实验用的磁流变液体（Magnetorheological Fluids，以下简称 MRF）由铁屑和玉米油组成。用放大镜能鉴别出铁屑的单个颗粒,但其长度应全部小于 0.5 毫米。MRF 由按重量计的 25 份玉米油对 100 份铁屑搅拌混合而成。

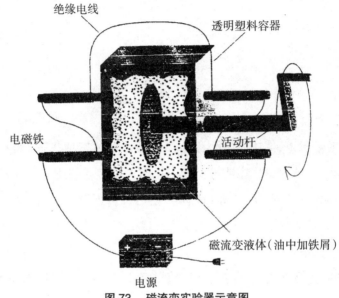

图 73 磁流变实验器示意图

磁流变制动器由不可能被磁化的材料做成,如塑料或铝。为更好地观察实验结果,可用一塑料盘与位于 MRF 中的杆端相连接。杆与透明塑料容器间放橡皮环,以使液体不泄漏。电磁铁可用几伏特的电源供电,也可用强有力的永久磁铁来取代电磁铁。

在未施加磁场之前,杆的旋转几乎没有阻力;当磁场加上时,液体马上就固化了,杆已很难转动;但一旦去除磁场,容器内的 MRF 材料又立即液化,杆又可自由旋转了。这就是花钱虽不多,却能在几秒钟之内将液体固化,然后又将其液化的磁流变制动器的小实验。

(二)电流变液体及其性能

美国科学家 Winslow W.M. 在 1947 年,以专利形式公布了他以 8 年时间研究发现的电流变液体(Electrorheological Fluids,以下简称 ERF)。他将一些半导体型的固体颗粒,分散在低黏、绝缘性良好的油中,再添加一些分散剂,制得悬浮体。当加上一定的电场场强时,很薄一层 ERF 的表观黏度,就能增大几个数量级,甚至出现明显的固化现象。当去掉电场后,液体的表观黏度又迅速恢复原样。后来,人们将这种可逆的黏度突变效应,称为电流变效应或 Winslow 效应。

但对 ERF 引起重视,却是 20 世纪 80 年代之后的事。这主要是人们逐渐看到了 ERF 有许多可供发展的技术和工程应用的奇异性能。这些可被利用的主要特性是:

(1)在电场作用下,液体的表观黏度或剪切应力能有明显的突变,可在毫秒瞬间产生相当于液态属性到固态属性间的变化。

(2)这种变化是可逆的,即一旦去除电场,可恢复到原来的液态。

(3)这种变化是连续和无级的,即在液—固、固—液的变化过程中,表观黏度或剪切应力是无级连续变化的。

(4)这种变化是可控制的,并且控制变化的方法简单,只需加一个电场;所需的控制能耗也很低。因此运用微机进行自动控制有广阔的前途。

由以上奇异的特性,人们将 ERF 称为"智能性材料",也有人称它为"聪明流体"。

今天的电流变液体,已不再是 20 世纪 40 年代时那种较简单的混合体。除了介电常数和黏度较低的基液以及极化特性很高的固体微粒两种关键成分之外,往往还含有活化剂和分散剂。分散剂的作用,是防止微粒在无电场时相互黏合。活化剂的作用机制还不完全清楚,活化剂(往往使用水,有时用酒精)里含有杂质,通常是溶解盐。一般认为,水受油质悬浮液排斥,而聚集在微粒表面,而溶解盐在电场作用下被极化,其电荷增强了微粒的固有极化。

电流变液体是有复杂性质的悬浮体系,是一种典型而又复杂的非牛顿流体。

1987 年以前,ERF 研究只在美、英和前苏联等少数国家保密进行,目前世界上已有美、英、日、德、法、俄和我国等十多个国家在进行研究。对电流变现象的机理,也已了解得越来越清楚,在ERF材料的选择上也有长足的进展。对ERF的工程应用,已提出许多诱人的设想。

(三)电流变现象的机理

电流变现象之所以引起科学家们的极大兴趣,不仅仅因为ERF这种材料具有实用的物理性能,而且还因其有错综复杂的结构。当流体自由流动时,ERF中微粒的运动相互之间没有关系;当液体在电场作用下变成固态时,微粒连接成肉眼可见的细链和粗柱状。

图74　左为无外加电场时,右为有外加电场时

微粒在电场的作用下,不论其运动方向如何,其两极或上或下始终指向电极,从而使微粒吸合在一起,首尾相连,排列成行,构成长链。这种情况,就好像铁屑在磁场作用下沿磁力线的排列一样。电流变液体内的微粒链迅速形成,并在容器内从一端延伸至另一端,这就是流体迅速固化的关键因素。

实验中发现,柱状体的形成要比预期的快,这与微粒的布朗运动有关。布朗运动是1827年由苏格兰植物学家R.布朗首先发现的液体内悬浮微粒不停顿的随机运动,其成因是微粒和大量液体分子之间的碰撞。在ERF中,悬浮微粒在受到液体分子从各方面的冲撞时,就围绕其在链中的平均位置做不规则运动。因此，尽管微粒链总的来说可能是直线，但在某一时刻，却因布朗运动的影响而发生弯曲。这种轻微变形，却又增强了各链之间的互相吸引力，并促使各链聚集成柱状体。

ERF 在电场作用下固化后可承受机械力。像其他固体材料那样，其发生破坏的应力大小称为屈服应力。此时微粒链断裂，材料开始流动。为了某种工程应用，希望屈服应力尽可能大些。但在研究过程中，人们还不满意现有的 ERF，因为它的屈服应力不够高。近几年已开始研究屈服应力更高的磁流变液体(MRF)。流变学是研究材料流动与变形的学科，深入地研究这些问题，正是流变学的研究范围。

(四)令人振奋的应用前景

电或磁流变液体的应用前景，是十分令人振奋的。已见到申请专利的元器件有离合器、液压阀、减振器等等。下面将就其原理作一简单的介绍。

电流变离合器

将电流变液体充入两个圆筒或平板之间。当 ERF 形成固态时，就迫使传动轴转动；而当它变成液态时，就使发动机脱离传动轴，而自由旋转，好像处于空挡一样。两个筒或板之间的转速比，也可以调节。这样的离合器几乎不存在零件磨损或损坏的问题。而且这样的离合器结构简单，噪音低，反应时间仅为千分之几秒，使纯机械的离合器望尘莫及。

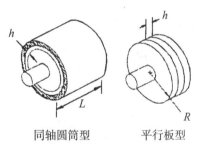

同轴圆筒型　　　　平行板型

图 75　同轴圆筒型和平行板型的离合器

电流变减振器

同心圆筒固定电极阀式减振器，在同心圆筒间充满有 ERF，来源于电流变效应的阻力，阻止了流体在同心圆筒间的流动。当活塞(内圆筒)运动时，微机可以立即调节电极电压，以改变 ERF 的黏稠度。如用在汽车上，毫秒级时间的迅速反应，有可能在活塞运动冲程的中途，就提高了流体的黏稠度，以减缓因道路不平而造成的颠簸。随后，流体又可变稀，再迅速复原。因此一种减振器，就可适合各种车辆和工作环境。

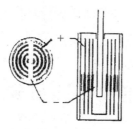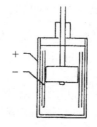

滑动平板型的减振装置　　　固定电极阀型的减振装置

图 76　电流变减振器示意图

滑动平板型减振器，是在两滑动板间充满 ERF。来源于两滑动板间流体电流变效应的阻力，产生剪切力，并由此引起压力增大。

电流变液压阀

将电流变液体注入一狭缝容器中，通过电场控制 REF 的黏稠度，以起到节流阀和开关的作用。当 ERF 固化时，就使流动完全停止，从而关闭了流经细管段的液流。这种电流变液压通路"阀"，也可以设计成同轴圆筒型或平板型。还可将几个 ERF 通路，按一定的方式组合在一起，做成特殊用途的装置。液压系统有希望采用 ERF 通路"阀"，而成为新的液压系统，它比传统的液压系统反应还要迅速。

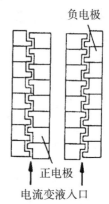

负电极

正电极

电流变液入口

图 77　电流变通路"阀"示意图

机器人的活动关节

在机器人领域中，可用 ERF 制造出体积小、反应快、动作灵活、直接用微机控制的活动关节。如今,简易的机器人已在从事工业中的许多工作。如果有非常灵巧的电流变活动关节,就可以完成能迅速做出反应的更复杂的事,比如说接棒球、绕精细金属丝等。"T-1000型终结者"那样的科幻机器人,将会更早的出现。

目前已有人提出,寻找一种既具有电流变效应,又具有磁流变效应的微粒,制造电磁流变液体(EMRF)。这种粒子和悬浮液,不仅可以受电场的作用,产生电流变效应;而且还可以受磁场的作用,产生磁流变效应。电流变液体、磁流变液体、电磁流变液体的研究和技术正刚刚开始,还没有进入成熟的阶段,从基础理论到应用技术,都还有许多问题有待研究解决。但可以预期:电磁流变液体这一高新技术,必将促使新一代的机电一体化器件出现,并会在汽车、机械、航空、航天、石油、化工和其他工业部门,得到广泛应用。

参 考 文 献

[1] Klingenberg D. J. 用磁铁将液体制成固体 [J]. 科学, 1994(2): 75-76, 80.

[2] 郝田, 陈一泓, 等. 电流变学研究进展 [J]. 力学进展, 1994, 24 (3): 315-335.

[3] 朱克勤. 电流变液和电流变效应 [J]. 1994, 24 (2): 154-162.

[4] 魏宸官. 一门新兴学科——电流变学的研究与进展 [J]. 中国科学基金, 1994 (1): 34-40.

[5] Helsey T. C. Martin J. E. 电流变液体 [J]. 科学, 1994 (2): 29-33, 80.